Knaur

KNAURS KRÄUTERBUCH

Knaur

Birgit Busse
Constanze Lüdicke

KNAURS KRÄUTERBUCH

Kräuter für Küche, Gesundheit und Schönheit aus dem eigenen Garten
Mit vielen Tipps zur Anwendung und Zubereitung

www.knaur.de

Impressum

Bibliografische Information Der Deutschen Bibliothek
Die Deutsche Bibliothek verzeichnet diese Publikation in der Deutschen Nationalbibliografie; detaillierte bibliografische Daten sind im Internet über http://dnb.ddb.de abrufbar

Fotografie:	GRAPHIT Eva-Maria Stadler & Isabel Wintterlin, Germering
Illustrationen:	GRAPHIT – Eva-Maria Stadler & Isabel Wintterlin
Lektorat:	Wolfgang Funke, Augsburg
Umschlagkonzeption:	Zero Werbeagentur, München
Umschlaglayout:	Zero Werbeagentur, München
Umschlagfotos:	FinePic und Zefa, Düsseldorf
Gestaltungskonzeption:	GRAPHIT – Eva-Maria Stadler & Isabel Wintterlin
Satz, Layout, Reproduktion:	GRAPHIT – Eva-Maria Stadler & Isabel Wintterlin
Herstellung:	Hartmut Czauderna, München
Druck und Bindung:	Appl, Wemding

Gedruckt auf umweltfreundlich chlorfrei gebleichtem Papier

ISBN 3-426-64123-2
Printed in Germany

Bitte besuchen Sie uns im Internet: www.droemer-knaur.de

Danksagung

Die Fotografinnen möchten an dieser Stelle folgenden Personen und Institutionen für die freundliche Genehmigung zur Fotografie danken:

Dem Zentrum für Umwelt und Kultur im Kloster Benediktbeuern. Dort entstanden die Bilder auf Seite 20 (Kräuterspirale) und Seite 64/65 (Kräuterbeet).

Im Bastionsgarten auf der Willibaldsburg in Eichstätt entstand das Bild auf Seite 16 oben (Bastionsgarten).

Von der Insel Mainau stammen die Bilder auf Seite 17 (Beispiele der Gartenweggestaltung) und auf Seite 21 (Teichgestaltung).

Der Abtei Schäftlarn: dort entstand das Bild auf Seite 16 Mitte (Prälatengarten).

Ein ganz besonders herzliches Dankeschön für die Unterstützung bei den umfangreichen Fotoarbeiten und der Realisierung geht an:

Unsere Mütter, Anneliese und Katharina, für ihre Hilfe und besondere Mühe;
Silke, für ihren unermüdlichen Einsatz bei Styling und Requisite;
Katharina, Lukas und Robert für ihre Ausdauer;
Kerstin und Norbert Kleinwächter sowie Familie Völker für die zur Verfügungstellung ihrer Gärten;
Herrn Franz-Xaver Treml von der Raritätengärtnerei Treml für die Erlaubnis zur Fotografie und seinen freundlichen Rat, mit dem er uns zur Seite stand;
Heinz und Ludwig für unendlich viel Verständnis.

Sie alle haben mit zum Gelingen dieses schönen Buches beigetragen.

INHALT

EINLEITUNG

Noch ein Kräuterbuch? Aber ja, denn Kräuter sind beliebter denn je und der Informationsbedarf ist groß. Und so vielgestaltig die Welt der Kräuter ist, so bunt und vielfältig sind die Rezepturen zur Verarbeitung und die Möglichkeiten zur Anwendung dieses großartigen Geschenks der Natur.

In erster Linie möchte dieses Buch natürlich dem begeisterten Hobbygärtner Tipps an die Hand geben, mit denen der Anbau der unterschiedlichen Pflanzen im eigenen Garten sicher gelingt. Denn vor der Ernte steht schließlich immer noch die Freude des Pflanzenliebhabers an den vielfältigen Farben, Aromen und Gerüchen, die besonders an lauen Sommerabend den Aufenthalt im Freien zu einem Erlebnis werden lassen. Das in diesem Buch vermittelte Wissen schafft dafür eine wichtige Grundlage.

Die Faszination für diese oft unscheinbaren Pflanzen reicht viel weiter. Immer mehr Menschen besinnen sich wieder auf uraltes Kräuterwissen, das für unsere Vorfahren noch selbstverständlich und überall präsent war. Und das in einer Zeit, in der die moderne Medizin Triumphe feiert.

Kräuter sind aus der Küche kaum noch wegzudenken, und auch die moderne Medizin möchte nicht mehr auf sie verzichten. In vielen Medikamenten finden sich die isolierten wirksamen Pflanzeninhaltsstoffe. Doch die Besonderheit von Kräutern liegt gerade im Zusammenwirken ihrer Inhaltsstoffe.

Kräuter sind kleine Naturwunder. Sie sind wahre Alleskönner. Vom beruhigenden Tee bis zum pikanten Genuss: sie heilen, sie würzen, sie stärken, sie pflegen, sie beruhigen. Ein Stück heile Welt aus dem eigenen Garten und der Natur!

Dieses Buch zeigt uns das Spektrum und die Vielfalt der Anwendungsmöglichkeiten für Küche, Gesundheit und Wohlbefinden. Zwei ausgewiesene Expertinnen geben einen exklusiven Einblick in den reichhaltigen Schatz ihres Wissens und verraten dazu eine Vielzahl von Rezepturen und Küchengeheimnissen.

KRÄUTERGARTEN-PRAXIS

EIN PLATZ AN DER SONNE

Wenn Sie Kräuter in Ihrem Garten anbauen möchten – und es ist egal, ob Ihnen ein ganzer Kräutergarten vorschwebt oder nur einzelne Pflanzen im Topf, ob es Heilkräuter oder Gewürze sind –, dann brauchen Sie dazu einen sonnigen Standort. Und zwar Sonne von morgens bis abends, wenn es geht. Warum wohl liegen die Hauptanbaugebiete für Gewürze in südlichen Ländern? Und dass nach einem verregnetem Sommer Oregano und Basilikum aus dem eigenen Garten irgendwie fade schmecken, ist kein Wunder: Da mangelte es an Sonne und Wärme. Nur wenige Kräuter, meist einheimische Arten wie Schnittlauch, Bärlauch, Waldmeister oder Engelwurz geben sich mit halbschattigen Orten zufrieden.

TIPP

Bei Gewürzen und Heilpflanzen kommt es nicht auf Aussehen oder die Größe an, es sind die Inhaltsstoffe, die das unverwechselbare Aroma oder die Heilkraft der Pflanze ausmachen. Inhaltsstoffe, seien es ätherische Öle, Bitterstoffe, Gerbstoffe, Flavonoide oder eine der vielen anderen Substanzen werden nur dann in nennenswerten Mengen gebildet, wenn die Sonne den Pflanzen die Kraft dazu verleiht.

Nicht nur das Licht allein ...

Wärme, das ist das zweitwichtigste Auswahlkriterium für den perfekten Platz. Wo stets scharfe Winde wehen und sich in Mulden kalte Nachtluft sammelt, ist vielleicht ein guter Ort für einen Teich, aber sicher nicht für Ihre Kräutersammlung. Denn die wichtigsten Gewürze wie Petersilie, Thymian, Bohnenkraut, Oregano, Majoran und so viele mehr stammen aus dem Mittelmeergebiet, das heiß geliebte Basilikum sogar aus Indien.

Erinnern Sie sich an Ihren letzten Italien-Urlaub: Strahlende Sonne, flirrende Mittagshitze, magerer steiniger Boden und kaum Regen – so entsteht die feurige Würzkraft der „Pizza-Kräuter". Nicht umsonst bauen die regengeplagten Engländer ihre Kräuter in „walled gardens" an: Die Mauern der Gartenhöfe halten Wind ab und speichern Sonnenwärme. Auf der Südseite einer Hecke oder Hauswand fühlen sich Kräuter wohl – wenn die Sonne wirklich den Boden erreicht und mindestens von April bis September nicht von hohen Gebäuden oder Bäumen verdeckt wird. Schon eine niedrige Hecke aus Buchs- oder Eberraute um das offene Kräuterbeet im Garten erzeugt einen kleinen kuscheligen Wärmestau.

TIPP Mauern und Wände speichern die Sonnenwärme und geben diese nachts an ihre nächste Umgebung wieder ab. Andererseits bekommen Pflanzen, die vor ihnen wachsen, weniger Sonne als freistehende Gewächse. Für sonnenhungrige Kräuter gilt daher: Nur an nach Süden, Südosten oder Südwesten zeigenden Seiten von Mauern, Wänden und auch Hecken überwiegen die Wärme-Vorteile den Licht-Nachteilen!

Auf den Boden kommt es an

Der dritte Standortfaktor ist der Boden mitsamt der Bodenfeuchte. Grundsätzlich brauchen Kräuter nährstoffarme Erde die luftig ist, so dass Regenwasser schnell versickert. Sandige, kiesige und kalkhaltige Böden sind so recht nach dem Geschmack der meisten Gewürze. Nur viele der typischen Salatbeigaben wie Schnittlauch, Kerbel, Petersilie, Rauke, Kresse vertragen feuchte nahrhafte Erde einigermaßen. Die Betonung liegt auf „einigermaßen"! Wie Sie Erde verbessern, lesen Sie unten, aber alles hat seine Grenzen. Sind Sie mit schweren tonigen Böden geplagt, sollten Sie Mittelmeerkräuter lieber auf einer Kräutermauer, im Hochbeet oder im Pflanzkübel anbauen. Basilikum zum Beispiel gedeiht viel besser im Topf an einer vor Regen geschützten, sonnigen Hauswand. Draußen im Beet bekommt er meistens schwarze Flecken – falls ihn die Schnecken überhaupt am Leben lassen!

Widmen Sie sich vorzugsweise der Kräutermedizin, dann finden Sie leichter gute Plätze, denn viele Heilkräuter wie Brennnesseln, Baldrian, Löwenzahn oder Kamille gehören in die Riege der einheimischen Wildpflanzen, die zwar Sonne brauchen, aber sonst robust und pflegeleicht sind. Und nicht zu vergessen – auch Sträucher gehören im weitesten Sinn zu den Heilkräutern: Holunder, Duftrosen, Wacholder. Schon bei der Hecke kann Ihr Kräutergarten beginnen!

Die Erde verbessern

Leichte, sandige Böden sind stets gut durchlüftet und leicht zu bearbeiten, aber Wasser und Nährstoffe fließen schnell in den Untergrund. Sandböden sind deshalb häufig sauer, fast immer zu trocken und nährstoffarm. Sorgen Sie dafür, dass Wasser und Nährstoffe besser festgehalten werden, indem Sie Tonmehl, verrotteten Kompost und Kalk ausbringen.

Schwere, lehmige Böden bestehen aus dicht gepackten nahrhaften Tonmineralen, die kaum Zwischenräume für Wasser und Luft lassen. Bei Trockenheit bilden sich Risse, nach Regen klebt der Boden.

Alle auflockernden Maßnahmen sind wichtig. Arbeiten Sie Sand (Bausand mit der Körnung 0/3) und eventuell verrotteten Kompost in die oberste Schicht ein. So werden Regenwürmer und andere Bodentiere unterstützt, die den Boden lockern.

EINEN KRÄUTERGARTEN PLANEN

Es gibt unendlich viele Möglichkeiten Kräuter im Garten einzusetzen: Angefangen mit etwas Schnittlauch neben der Kellertreppe bis hin zum klassisch gestalteten Bauerngarten. Bevor Sie aber Ihren Fahrradschuppen abreißen und Opas alten Apfelbaum fällen, um die nötigen sonnigen Bedingungen zu schaffen, überdenken Sie Ihre Ziele: Was wünschen Sie sich?

Frische Kräuter für den Sommer und ein paar Gläser mit getrockneten Gewürzen für den Winter? Da reichen Ihnen im Prinzip zwei Beete: Ein größeres für Stauden und Halbsträucher wie Oregano, Salbei & Co., und eines mit etwas nahrhafterer Erde für die einjährigen Salatkräuter wie Dill, Kresse, Borretsch usw.

Aber schon, wenn Ihnen der Sinn nach Tee aus frischer Pfefferminze oder selbst gerührtem Basilikum-Pesto steht, und erst recht, wenn Sie Kamille, Anis und Thymian zu Heilzwecken trocknen wollen, steigt der Flächenbedarf enorm an. Und es lohnt sich, denn die mit Liebe gepflegten und verarbeiteten Heilkräuter sind von weit besserer Qualität als die Massenware aus Apotheke oder Supermarkt. Sie könnten also eine Liste anfertigen mit den Kräutern, die Sie anbauen möchten und daraus ableiten, wie viel Platz gebraucht wird. Mit der Zeit finden Sie genau heraus, wieviel Pflanzen von welchen Arten Sie wirklich für Küche, Medizin und Wellness benötigen.

Viele Gärtner fassen den Kräutergarten eher als dekoratives Element im Garten auf, bei dem ganz nebenbei Gewürze, Schnittblumen und Tees anfallen. Ein klassischer formaler Kräutergarten und bunt gemischte Beete sehen ja auch wunderschön aus. In diesem Fall bestimmen Sie Größe und Form der Beete so, wie sie in den Garten passen und wählen erst danach Blumen und Kräuter aus.

TIPP Bevor Sie zu Spaten und Schaufel greifen, fertigen Sie eine maßstabsgetreue Skizze an. Denken Sie daran, dass manche Stauden und Gehölze schnell in die Höhe und Breite wachsen und so kleine Gewächse verdrängen und Schatten werfen.

Kräuter auf kleinstem Raum

Sie möchten zwar Kräuter anbauen, müssen aber eingestehen: "Eigentlich habe ich gar keinen Platz!" So geht es vielen. Überblättern Sie die nächsten Seiten mit raumfressenden Kräutergartenformen und lassen Sie sich nicht entmutigen. Es geht auch anders: Schauen Sie sich in Ihrem Garten um: Wo sind die besprochenen guten Bedingungen auf Ihrem Grundstück zu finden? Vielleicht können Sie doch noch einen kleines Rundbeet aus dem Rasen stampfen? Vielleicht das Staudenbeet noch etwas nach Süden hin erweitern, so dass eine Reihe Kräuter vor der blühenden Pracht Platz findet? Vielleicht würde eine Reihe großer und kleiner Terrakotta-Töpfe mit Basilikum, Zitronengras, blühender Agastache, Thymian und zart duftenden Rosenpelargonien die langweilige Hauswand aufpeppen? Auch in die sonnige Blumenrabatte können Sie dekorative Kräuter wie panaschierten Salbei, gelbgrün panaschierte Zitronenmelisse, Lavendel oder Indianernessel einstreuen. Zweijährige Heilpflanzen wie die hohen Stockmalven, Königskerzen und Nachtkerzen gelten sogar landläufig als Zierpflanzen. Und vergessen Sie nicht die Kräutermauer, hier stapeln sich die Kräuter in die dritte Dimension. Sie werden staunen, was sich schon von einem kurzem Mäuerchen alles ernten lässt! Mauern können Sitzplätze und Terrassen begrenzen, langgestreckte Handtuchgärten optisch teilen oder einfach die Hecke zum Nachbarn ersetzen, ein Platz findet sich immer.

EIN RUNDGANG DURCH DEN KRÄUTERGARTEN

Es gibt unendlich viele und verschiedenartige Gewürzkräuter und Heilpflanzen. Man findet sie nicht nur unter den krautigen Pflanzen, auch Bäume und Sträucher schenken uns Medizin und Aromen. Lindenblüten ergeben zum Beispiel einen schweißtreibenden Tee, Holunderblüten und -beeren würzen Sirup und Marmelade. Berberitzenrinde enthält Bitterstoffe, und aus Rosen werden spätestens seit der Antike essbare Delikatessen und Kosmetika hergestellt.

Gekonnt zusammengestellt sehen Gewürz- und Heilpflanzen so dekorativ aus, dass Sie Ihren Garten komplett mit ihnen gestalten können. Der abgebildete 6,5 m breite Reihenhausgarten soll einen Eindruck davon vermitteln, wie vielseitig Heil- und Gewürzpflanzen einsetzbar sind und wo welche Arten am besten gedeihen.

Großer Kräutergarten

Eine Linde 1 taucht den Sitzplatz in sanften Halbschatten. Von hier aus lässt sich der ganze Garten überblicken. Schattenverträgliche Bodendecker wie Waldmeister, Bärlauch und Efeu bedekken die Baumscheibe. Hohe Halbschattenpflanzen wie Süßdolde oder Fingerhut geben dem Sitzplatz Rückendeckung 2. Rosenbögen 3 markieren den Aus- und Eingang zum formal gestalteten Kräutergarten. Niedriger Buchs 4 rahmt die Beete ein. 50 cm breite Hauptwege und 40 cm breite Nebenwege erlauben bequemes Arbeiten und Lustwandeln 5.

Am rechten Zaun entlang sorgen hohe Zweijährige wie Königskerzen (*Verbascum spec.*), Nachtkerzen (*Oenothera biennis*), Stockrosen (Althaea rosea), teils als einjährige Rosetten, teils als zweijährige Blütenriesen für Sichtschutz 6. Stattliche Engelwurz (*Angelica archangelica* oder *A. gigas*) bilden einen Blickpunkt in der Querachse des Gartens 7.

Vor dem Sitzplatz unter der Linde sorgen nahrhaften feuchten Boden bevorzugende Staudenkräuter wie Indianernesseln, Schnittlauch und Minzen für blühende Dufterlebnisse 8. Bauernpfingstrosen (*Paeonia lactiflora*), Salbei (*Salvia officinalis*), Eisenkraut (*Verbena officinalis*), Johanniskraut (*Hypericum perfoliatum*) sowie zweijährige Mariendisteln (*Silybum marianum*) und Muskatellersalbei (*Salvia sclarea*) gedeihen hier im linken Beet 9. Hohe Stauden wie Alant (*Inula helenium*), Malven (*Malva spec., Althaea officinalis*), Goldruten (*Solidago odorata, S. virgaurea*), Sonnenhut (*Echinacea purpurea, E. angustifolia*), Wermut (*Artemisia absinthium*) und Beifuß (*Artemisia vulgaris*) begrünen den Gartenzaun 10 und ein hoher schmaler Säulen-Wacholder (*Juniperus communis*) setzt einen vertikalen Akzent 11.

Der innere Beetring 12 beherbergt einjährige Mischkulturen mit Gemüsen, Kräutern und Sommerblumen und wird regelmäßig mit Kompost und organischem Dünger versorgt (Seite 28). Das Rondell dient allein dekorativen Zwecken: Ein Brunnen, eine Sonnenuhr, oder eine Solitärpflanze z. B. eine Hochstammrose, betonen die Mitte 13.

Auch im und am Teich gedeihen heilende Pflanzen. Iris und Seerosen sorgen hier für Farbe 14 (Seite 21). Frostempfindliche Kräuter wie Rosmarin (*Rosmarinus officinalis*), Zitronengras (*Cymbopogon citratus*), Currykraut (*Helichrysum italicum*), Aloe (*Aloe vera*) müssen im Sommer seltener gegossen werden, wenn die Töpfe im Boden eingesenkt sind 15. Sie flankieren aber ebenso dekorativ die Sitzbank 16.

Die Kräutermauer begrenzt den Garten 17 (Seite 20). Gegenüber liegt der naturnahe Teil des Gartens, der Wildkräutern Platz bietet und damit gleichzeitig Insekten, Vögel, Eidechsen Igel und andere Tiere anlockt 18. Duft- und Heckenrosen (*Rosa gallica, R. damascena, R, centifolia, R. inermis* u. a.) 19 unterpflanzt mit Lungenkraut (*Pulmonaria officinalis*), Beinwell (*Symphytum officinalis*), Gundermann (*Glechoma hederacea*), Gänsefingerkraut (*Potentilla anserina*) und anderen wilden Bodendeckern vervollständigen die Natur-Apotheke.

FORMALE KRÄUTERGÄRTEN

Die Klöster des Mittelalters betrieben den ersten gut organisierten Anbau von heimischen und fremdländischen Heilpflanzen. Immer waren die kirchlichen Kräutergärten klar gegliedert und symmetrisch gestaltet, mit einer Sonnenuhr oder einem Brunnen als dekorative Mitte. Kontemplative Ruhe geht noch heute von ihnen aus. Außerdem mussten sie praktisch und übersichtlich sein, denn sie waren damals die einzigen Produktionsstätten medizinisch wirksamer Pflanzen. Das einfache Volk übernahm dann mit den formal strukturierten Bauerngärten und Apothekergärten die wegweisende Form der Klostergärten.

Wenn Sie Heilpflanzen anbauen wie im Apothekergarten oder ganz nach Bauerngarten-Art Gemüse, Stauden, Sommerblumen und Kräuter mischen, schaffen Sie mit geometrischen Beetformen einen schönen Kontrast zum wild wuchernden Kräuterallerlei innerhalb der Rabatten.

Vorbilder der beliebten Bauerngärten sind die barocken Klöstergärten.

Klassische Kräutergärten waren meist kreuzförmig 1 oder zweiseitig symmetrisch 2 angelegt. Wer Platz hat, kann die Beete aber auch in anderen Formen anlegen zum Beispiel in der Kreisform 3 oder einer Spirale 4. Runde Formen wirken weicher und ziehen wie magisch alle Blicke auf sich.

TIPP Niedrige immergrüne Hecken als Beetumrandungen betonen die geometrischen Formen und bringen auch im Winter Farbe in den Garten: Wählen Sie schwachwüchsige und unbegrenzt schnittverträgliche Heckengehölze aus wie Buchs (*Buxus sempervirens* 'Suffruticosa', 'Blauer Heinz') oder Eberraute (*Artemisia abrotanum*). In warmen Gegenden und auf durchlässigen Böden eignen sich auch Lavendel, Thymian und Heiligenkraut (*Santolina chamaecyparis*). In feuchten Beeten sieht Schnittlauch als Randbepflanzung nett aus.

Ornamente im Handumdrehen

Auf dem Papier ist alles ganz einfach: mit Zirkel und Lineal verwirklichen Sie die schönsten Beetformen, aber draußen? Wie setzt man seine Ideen um?

Sie brauchen dazu eine Rolle Schnur, mehrere Stöcke und hellen Sand:

Die gerade Linie geht ganz einfach. Sie stecken zwei Stöcke in die Erde und verbinden sie mit der Schnur. Fahren Sie die Strecke mit hellem Sand auf dem Boden nach. Dann kann die Schnur wieder weg.

Einen Kreis erhalten Sie, indem Sie einen Stab in den Kreismittelpunkt stecken, die Schnur in Länge des Radius daran binden und einmal um den Stab herum gehen. Dabei markieren Sie den Kreisbogen mit Sand.

Der rechte Winkel ist schon kniffliger. Stecken Sie den Stab A an die Ecke des vorgesehenen 90 ° Winkels. Binden Sie eine 12 m lange Schnur an Stab A und markieren Sie auf dieser mit Klebeband ausgehend von Stab A erst eine 3-m-Strecke, dann eine 5-m-Strecke und nach weiteren genauen vier Metern binden Sie die Schnur wieder an Stab A, so dass eine riesige Schlaufe entsteht. Nun legen Sie den einen Schenkel des Winkels fest, indem Sie die Schnur an der 3-m-Marke spannen und dort einen weiteren Stab in die Erde stecken. Dann greifen Sie die nächste, die 5-m-Marke und gehen soweit, bis die Schnur ein allseitig schön gespanntes Dreieck bildet. Jetzt kommt Stab C in den Boden und wie von Zauberhand liegt ein rechtwinkeliges Dreieck vor Ihnen. Die Schenkel des Winkels können Sie dann beliebig verlängern mit weiterer Schnur, siehe bei „gerade Linie".

Das Rechteck ergibt sich aus dem Winkel, in dem Sie an die Eckpunkte B und C Schnüre mit den Seitenlängen spannen. Wo sie sich treffen ist die vierte Ecke. Als Kontrolle: beide Diagonalen müssen gleich lang sein.

Der Weg ist das Ziel

In einem formalen Garten kommt den Wegen große Bedeutung zu. Die Beläge sollen den Charakter des Gartens unterstreichen sowie praktisch sein.

- Pflastersteine aus Basalt lassen sich in schönen Mustern verlegen.
- Frostbeständiges Klinkerpflaster lässt sich in Mustern verlegen und mit anderen Materialien kombinieren.
- Holzpflaster wirkt rustikal, wird aber bei Regen gefährlich rutschig.
- Betonsteine sollten Sie mit Vorsicht verwenden. In eine moderne Gestaltung passen sie gut hinein. Wählen Sie schlichte Formen in jeweils nur einer Farbe.
- Wie im Wald läuft man auf weichen, duftenden Rindenmulch-Wegen. Über einem 10 bis 15 cm hohen Unterbau aus grobem Schotter verteilen Sie etwa 6 cm dick Holzschnitzel oder Rindenmulch.
- Kieswege sind stilvoll und preisgünstig. Verteilen Sie das Material 5 cm dick auf einem Unterbau aus 20 cm verdichtetem Schotter.
- Auf einem gepflegten Rasenpfad lässt es sich herrlich barfuß gehen. Kürzen Sie das Gras regelmäßig auf 4 cm, so läuft es sich am angenehmsten.

Einzelne Natursteinplatten fügen sich geschickt in jede Pflanzung ein.

Geschwungene Wege passen gut in romantische, üppig blühende Gärten.

Kleine Anleitung zum Wegebau

Natursteine, Klinker und Pflaster können Sie in ungebundener Pflasterbauweise verlegen. Sie brauchen nicht zu betonieren, ein Sand- oder Splittbett genügt. Dadurch bleibt der Boden durchlässig und Regenwasser kann versickern:

1. Markieren Sie den Verlauf des Weges mit Sand oder mit Schnüren.
2. Heben Sie den Boden mindestens 20 cm, besser 50 cm tief aus.
3. Der Weg sollte am Ende ein ganz leichtes seitliches Gefälle (2 %) aufweisen, damit das Regenwasser abfließen kann.
4. Einbetonierte Randsteine erhöhen die Stabilität.
5. Bringen Sie eine Schicht Schotter (Körnung: 0/45) oder Kiessand (0/32) auf.
6. Darüber kommt eine Schicht Pflastersand (0/8).
7. Klopfen Sie die Steine in den Sand, so dass diese bis 1 cm höher stehen als gewünscht. Sie setzen sich noch.
8. Kehren Sie Fugensand ein.

BUNTE KRÄUTERBEET-VARIATIONEN

Bei der Anlage von Kräuterbeeten und Rabatten aus Blumen und Gewürzen, müssen Sie verschiedene Kriterien beachten: Alle Pflanzen eines Beetes sollten ähnliche Ansprüche an Licht, Boden und Feuchtigkeit besitzen, damit Sie den Standort entsprechend auswählen und den Boden vorbereiten können.

Wüchsige raumgreifende Arten wie Pfefferminze oder Zitronenmelisse stellen kleinere Kräuter leicht „in den Schatten“ und nehmen ihnen buchstäblich die Luft zum Leben. Gesellen Sie diese „Ellenbogenpflanzen“ nebeneinander und halten Sie sie auf Abstand zu zart besaiteten oder niedrigen Arten. Minzen wandern mit ihren unterirdischen Ausläufern gerne durch das ganze Beet, sehr zum Ärger ordnungsliebender Gärtner. Pflanzen Sie die Minzen in einen senkrecht gestellten Kragen aus Teichfolie, der 20 bis 30 cm tief in den Boden reicht. So haben Sie die Ausläufer einigermaßen unter Kontrolle.

Kräuter für kühl-feuchte Orte

Auf lehmigen oder feucht-humosem Boden gedeihen eine ganze Reihe von Kräutern, selbst dann, wenn Bäume oder Gebäude stundenweise Schatten auf die Fläche werfen.

Einige Taglilien (z.B. *Hemerocallis citrina*) besitzen duftende gelbe und essbare Blüten. Alant (*Inula helenium*), dessen duftende Wurzel früher viel in der Medizin verwendet wurde, braucht mit seinen großen, spitz zulaufenden Blättern viel Platz und zeigt im Hochsommer gelbe Korbblüten. Auch Arnika blüht gelb. Die Echte Arnika gedeiht aber nur auf sauren humosen Böden, die amerikanische *Arnica chamissonis* jedoch kommt mit normalem Untergrund zurecht. Die Dolden der Indianernesseln (*Monarda didyma, M. fistulosa*) und die Trichterblüten von Strauchmalven (*Lavatera thuringiacea*) leuchten je nach Sorte in Rot, Pink, oder Violett. Schafgarben (*Achillea millefolium*) gibt es nicht nur in Weiß, sondern auch mit roten oder lachsfarbigen Blütendolden. Minzen, Sauerampfer, Estragon und Zitronenmelissen werden locker im Beet verteilt. Den bis 2 m hohen Liebstöckl pflanzen Sie an den nördlichen Rand des Beetes. Schlüsselblumen (*Primula veris*), die im Frühjahr als erstes blühen und Schnittlauch machen sich als niedrige Randpflanzen hervorragend.

Mariendistel

Rabatte zum sonnigen Süden

An sonnigen Hängen, die nach Süden zeigen, und vor der Südwand des Hauses kann es im Sommer sehr heiß werden und der Boden trocknet immer wieder aus. Hier gedeihen Kräuter aus dem Mittelmeerraum. Viele dieser Sonnenanbeter schützen sich mit einem Kleid aus feinen Haaren vor der Sonne und vor übermäßiger Verdunstung. Das lässt ihr Laub silbrig oder grau aussehen.

Die Südwand hinter den Kräutern können Sie mit Wein beranken. Auch ein Pfirsich- oder Aprikosen-Spalierbaum hat hier Chancen auf reichen Fruchtbehang.

Beet mit silberlaubigen Kräutern

Die schwefelgelben Blüten der Weißwolligen Königskerze (*Verbascum bombyciferum*) thronen fast 2 m über der breiten, dicht weißwollig behaarten Blattrosette. Alternativ bietet sich die 2 m hohe grauweiß behaarte *Verbascum olympicum* an, mit großen gelben Blüten an kandelaberartig verzweigtem Blütenstand 1.

Auch die ein bis zweijährige Mariendistel (*Silybum marianum*) braucht mit ihren großen gelappten Blättern mit stacheligem Rand und weißen Adern viel Platz. Im Sommer erscheinen purpurfarbene Blüten in dicken Köpfen. Die schwarzen Samen sind Leberheilmittel 2.

Halbsträucher mit silbrigen oder grauen Blättern, die etwa 60 cm hoch werden, sind die seltsam riechende Weinraute (*Ruta graveolens*) mit ihren gelbgrünen Blüten im Juni-Juli 3, der Currystrauch (*Helichrysum italicum*) mit gelben knopfgroßen Blüten 4 und Lavendel (*Lavandula angustifolia*) mit blau-violetter Blütenpracht 5.

Das silberlaubige Heiligenkraut (*Santolina chamaecyparis*) friert meist im Winter stark zurück 6.

Englische Sorten vom Wermut (*Artemisia absinthium*) 'Lambrook Silver' und 'Powis Castle' 7 besitzen besonders schöne silberhaarige Blätter und werden nicht ganz so mächtig wie die Wildform. Die Silberwucherblume (*Tanacetum ptarmiciflorum*) 'Silver Feather' sowie die Schafgarbe (*Achillea millefolium*) 'Moonshine' 8 mit schwefelgelben Blütenständen im Mai bis Juli und fiederteiligen silbrig-grünen Blättern ergänzen das Silber-Sonnenbeet optisch.

In schattigen Gefilden

Nur eine kleine Anzahl von Kräuter fühlen sich im Schatten von Hecken und Mauern oder im lichten Schatten unter Bäumen wohl. Es sind meist Stauden aus gemäßigten Klimazonen, die im Wald und am Waldrand wachsen.

Gemüse und Kräuter

Wer Kräuter liebt, freut sich sicherlich auch über frische Salate, knackige Radieschen, sahnig feste Frühkartoffeln, Zuckermais und andere Gemüse. Essbare und heilkräftige Sommerblumen wie Ringelblumen (*Calendula officinalis*), Zitronentagetes (*Tagetes tenuifolia* 'Lemon Gem'), Kapuzinerkresse und Kamille (*Matricaria recutita*) ergeben zusammen mit Gemüse und einjährigen Gewürzen Mischkulturen, in denen sich die Pflanzen gegenseitig fördern und Schädlinge vom Leib halten (Seite 29). Voraussetzung für den erfolgreichen Anbau ist ein sonniger Platz und nahrhafte lockere Erde.

1 Ab März können Sie Reihen von Kresse, Spinat, Pflücksalat, Kerbel und Radieschen aussäen. Diese kurzlebigen Kulturen wachsen rasch und sind schon im späten Frühling und Frühsommer geerntet.
2 Ab April bis Anfang Mai ausgesät oder gepflanzt ergibt eine Mischkultur aus Mangold, Kohlrabi und Petersilie mit eingestreuten Ringelblumen eine sinnvolle Kombination
3 Viel Platz, viel Zeit und viel organischen Dünger brauchen Kartoffeln, die klassisch in Wällen angebaut werden. Zwischen den Kartoffeln können Sie einzelne Sonnenblumen aussäen und rankende Kapuzinerkresse, die das sterbende Kartoffellaub im Frühherbst mit Blüten und Blättern überdeckt.
4 Eine ganz typische Sommer-Mischkultur besteht aus verschiedenen gepflanzten Salaten. Dazwischen streuen Sie locker einige Borretschpflanzen, Kamillen und Dill ein.

Schattenkräuter

Unter Bäumen und hohen Sträuchern mit lockerer Krone können Sie mit Waldmeister (*Gallium odoratum*) 1 , Efeu (*Hedera helix*) 2, Immergrün (*Vinca minor*) 3, Storchschnabel (*Geranium robertianum*) 4 und Frauenmantel (*Alchemilla xanthochlora*) 5 einen grünen Teppich weben. Diese Kräuter, in der Volksheilkunde altbekannt, werden auch heute noch geschätzt.

Weißbunt panaschierter Giersch (*Aegopodium* 'Variegetum') 6 bereichert Salat – und Bärlauch (*Allium ursinum*) 7, der am liebsten in kalkhaltigem humosen Boden wächst, ist das Modegewürz schlechthin.

Zarte Veilchen (*Viola odorata*) 8, kandiert eine nostalgische Delikatesse, und rot- und gelbblühende einjährige Kapuzinerkresse (*Tropaeolum* spec.) 9 bringen Farbe ins Beet.

Hochwachsende Zweijährige Doldenblütler wie Engelwurz-Arten (*Angelica archangelica, A. silvestris* und *A. gigas*) 10 und Süßdolde (*Myrrhis odorata*) 11 sind mächtige Solitärpflanzen, deren Stängel man früher gerne kandierte. Die Engelwurz löst bei empfindlichen Menschen Allergien aus, aber im Mittelalter wurde sie sehr verehrt als Kraut, das die Pest, böse Geister und Dämonen vertrieb.

Auch dekorative Giftpflanzen, zum Beispiel verschiedene Fingerhut-Arten (*Digitalis puprurea, D. grandiflora, D. lutea* u.a.) 12 sowie Eisenhut (*Aconitum napellus*), blühen im Halbschatten. Selbstverständlich nur in Gärten ohne Kleinkinder.

Storchschnabel

Den Boden bereiten

Pläne und Skizzen sind fertig, der Familienrat hat getagt und es ist beschlossen: Ein Kräutergarten soll entstehen!

Das Neubaugrundstück

Der Boden neben neuen Häusern ist oft im Untergrund stark verdichtet, weil schwere Baugeräte darüber gefahren sind. An der Oberfläche spiegelt etwas aufgeschüttete lockere Muttererde einen guten Boden vor. Aber das Regenwasser staut sich über der tiefer liegenden festgefahrenen Schicht, und genau das vertragen Kräuter nicht. Graben Sie das zukünftige Kräuterbeet drei Spatenstich tief um oder lassen Sie es tief pflügen, um den Verdichtungshorizont aufzubrechen. Alternativ bauen Sie ein bis zwei Jahre lang Gründüngungspflanzenoder Sonnenblumen mit tief reichenden Wurzeln an.

Im Rasen

Wer ein Beet aus dem Rasen oder einer Fläche mit krautigem Wildwuchs gestalten will, hat mehrere Möglichkeiten: Eilige stechen den Bewuchs ab und werfen ihn auf den Komposthaufen. Dann graben sie die Fläche um und arbeiten verrotteten Kompost oder andere krümelige Erde ein.
Wer mehr Zeit hat, gräbt die Fläche im Herbst um und lässt die Grassoden umgedreht auf dem Beet liegen. Dann kann man einige Hand voll Hornspäne darüber streuen, damit das Gras schneller verrottet. Eine Schicht frischen Rasenschnitts als Bedeckung unterstützt ebenfalls die Arbeit der Bodenlebewesen.

KUNSTVOLLE KRÄUTERMAUERN

Viele Wärme liebende Kräuter sind nur in durchlüftetem, lockeren und magerem Boden winterfest.

Diesem Bedürfnis können Sie mit einfachen Baumaßnahmen Rechnung tragen: Kräutermauern, Kräuterspiralen oder einfache Hügelbeete sehen mit Kräutern bepflanzt wunderschön aus und Sie erweitern Ihr Pflanzensortiment damit beträchtlich.

Kräuter vom Hügelbeet

Am einfachsten bauen Sie einen Kräuterhügel. Er muss nicht hoch sein, 20 bis 30 cm reichen völlig, Form und Größe lassen sich beliebig wählen. Sammeln Sie für den Hügel Bauschutt wie alte Dachpfannen, zerbrochene Ziegelsteine, Schotter und Steine. Sie können alle Materialien verwenden, die nicht verrotten, keine Gift- oder Nährstoffe in die Umgebung abgeben und die, wenn es geht, auch noch kalkhaltig sind. Schaufeln Sie den Mutterboden knapp einen Spatenstich tief an der vorgesehenen Stelle weg und schichten Sie die Steine auf. Mischen Sie den Mutterboden mit keinem Kies und/oder grobem Sand und verteilen Sie ihn auf dem Hügel. Nun warten Sie zwei Wochen, bis sich das Ganze setzt, und gleichen eventuell entstehende Löcher mit Erde aus. Dann wird gepflanzt.

Der Klassiker: die Kräuterspirale

Die Kräuterspirale ist nach wie vor ein beliebtes Bauprojekt im Gewürzgarten. Errichtet wird sie wie oben der Hügel, aber in spiraliger, schneckenhausartiger Form. Feuchtigkeit liebende Kräuter wie Schnittlauch oder Petersilie pflanzt man an den Fuß der Schnecke, Trockenheit liebende weiter oben hin. Der Nachteil ist die Größe der Spirale, sie nimmt, wenn einigermaßen viele Kräuter Platz finden sollen, viel Raum im Garten ein. Da dieser selten vorhanden ist, bauen die meisten Gärtner eine zu kleine Schnecke. Die Folge: Alle Kräuter bedrängen sich gegenseitig und leiden unter Lichtmangel, was sehr zu Lasten ihrer Qualität geht.

Die Kräuterspirale, idealer Standort für viele Kräuter.

In Mauerritzen gedeihen köstliche Kräuter aus dem Süden.

Platz sparend: die Kräutermauer

Viel praktischer ist eine Kräutermauer. Länge und Breite sind beliebig, und am Fußende der Mauer, besonders auf ihrer Nordseite, können Sie ein nahrhaftes Beet für Dill, Petersilie und Estragon anlegen. Die Südseite sollte in der prallen Sonne, frei von Baum- und Gebäudeschatten liegen. Hier finden alle Mittelmeerkräuter Platz.

Eine freistehende Trockenmauer besteht aus zwei parallel, dicht nebeneinander gebauten Mauern, die auf einem etwa 10 cm dicken Kiesbett stehen. Die Mauern neigen sich leicht nach innen und sind maximal 80 bis 100 cm hoch. Aufgebaut sind sie aus Natursteinen, die ohne Mörtel übereinander eingepasst werden.

Pflanzen Sie größere Kräuter wie Lavendel, Oregano, Ysop oder Salbei in die Mauerkrone. Kleine wie Thymian, Tripmadam, Quendel und andere besiedeln die Mauerfugen an den Süd-, Südost- oder Südwestseiten. Im Norden gedeihen Polsterglockenblumen, wilde Erdbeeren, Frauenhaarfarn, Elfenspiegel und andere Polsterstauden.

Schritt für Schritt: Bau einer Trockenmauer

1. Beginnen Sie mit den größten Steinen und suchen Sie sich welche aus, die gut nebeneinander und übereinander passen, das heißt möglichst große Berührungsflächen haben.
2. Fahren Sie mit den etwas kleineren Steinen fort und achten Sie beim Aufschichten auf die leichte Innenneigung der beiden Wände!
3. Vermeiden Sie kreuzförmige Spalten, sie machen das Bauwerk instabil.
4. Die Fugen werden mit kleineren Steinen verkeilt.
5. Den Spalt in der Mitte füllen Sie nach und nach, schon während des Baus auf mit sandiger magerer Erde, der unter Umständen noch Kies beigemischt wurde.

Kräuter im Wasser

Nur wenige Gewürze, aber viele Heilkräuter wachsen in der Natur in sumpfigen Gebieten oder sogar im Wasser. Wenn Sie sowieso von einem Gartenteich träumen, können Sie dort auch heilende Pflanzen anbauen. Die meisten Wasserpflanzen und die Heilpflanzen insbesondere gedeihen in flachem, etwa 20 bis 30 cm tiefem Wasser oder sogar in einem Sumpfbeet, in dem das Wasser etwa 5 cm hoch steht. Viele Seerosenarten brauchen tiefes Wasser (50 bis 80 cm), aber es gibt auch Sorten, die in 30 bis 40 cm tiefen Teichen gedeihen.

Für den Teichbau kommen verschiedene Techniken in Frage. Die einfachste Variante sind vorgeformte Fertigbecken und -elemente aus Polyäthylen oder glasfaserverstärktem Kunststoff. Sie besitzen meist steile Seitenwände und eine (zu) kleine Flachwasserzone. Für die Wasserkräuter bietet es sich daher an, das Biotop aus Teichfolie zu bauen. Hierbei können Sie Größe und Form des Teiches selber bestimmen.

Am billigsten und leicht zu verlegen sind Folien aus PVC. Sie sind eher steif und enthalten deshalb Weichmacher, können aber mit Kaltkleber leicht selbst verklebt werden. Häufig verwendet man Folien aus Polyäthylen (PE). Sie gelten als umweltfreundlich, müssen aber vom Hersteller nach Ihren Maßangaben verschweißt werden, genau wie die haltbaren und ökologisch unbedenklichen Polyolefin-Folien.

Am teuersten und umweltfreundlichsten sind EDPM-Folien (Synthesekautschuk). Sie sind hoch elastisch und die Bahnen können durch Kaltkleber selbst zusammengeklebt und später notfalls repariert werden.

Ideale Pflanzzeit ist der Mai. Am leichtesten geht es, bevor im neuen Teich das Wasser eingelassen wird. Wuchernde Arten wie Kalmus pflanzen Sie in Wasserpflanzenkörbe, damit sie sich nicht über Gebühr ausbreiten. Die Flachwasserpflanzen verteilen Sie auf der Folie, beschweren die Wurzeln mit Kieseln und decken sie mit etwas Sand oder Kies ab.

Setzten Sie nur wenige und kleine Pflanzen hinein, denn Wasserpflanzen wuchern schnell.

Einige Unterwasserpflanzen wie das Hornblatt (*Ceratophyllum demersum*) und Schwimmpflanzen wie die Krebsschere (*Stratoides aloides*) sind wichtig, damit das Wasser nicht veralgt und klar bleibt. Dann lassen Sie sehr langsam das Wasser in den Teich laufen.

Kräuter in und am Teich

Brunnenkresse (*Nasturtium officinale*), das einzige Gewürz in dieser Zusammenstellung, der mächtige Kalmus (*Acorus calamus*) und im Juni bis Juli weiß blühender Fieberklee (*Menyanthes trifoliata*) besiedeln neben dem im Frühsommer gelb blühenden Wasserschwertlilien (*Iris pseudacorus*) die Flachwasserzone. Alle sind einheimische Arten, die zumindestens früher in der Volksheilkunde große Bedeutung hatten. Im anschließenden Sumpfbeet könnte die heimische Iris (*Iris sibirica*) im Juni ihre eleganten blauen Blüten öffnen, aber auch Mädesüß (*Filipendula ulmaria*) sieht im Hochsommer mit seinen weißen, schaumig wirkenden Blütenständen dekorativ aus. Die bescheidene Bachnelkenwurz (*Geum rivale*) und der mächtige Wasserdost (*Eupatorium purpureum*) mit rötlichen Blütenständen im Spätsommer lassen das Herz jedes Naturheilkundlers höher schlagen. Etagenprimeln (*Primula bullesiana, P. bulleyana*) dagegen dienen nur der Zierde. Im Juni bis Juli öffnen sie ihre Blüten in Rosa, Orange und Gelb.

Der imposante Wasserdost ist eine altbewährte Heilpflanze.

1 Brunnenkresse
2 Mädesüß
3 Libellen

AUSSAAT UND VERMEHRUNG

Mit das Spannendste beim Gärtnern ist es, Pflanzen selber zu vermehren. Bei der Aussaat sind Sie von Anfang an mit dabei und erleben, wie sich die Keimlinge aus der Erde schieben und sich die ersten zarten Laubblätter entfalten. Wie Kinder wollen auch die kleinen Kräuter beachtet und gehätschelt werden.

Die Aussaat ist die Vermehrungs-Methode der Wahl für Ein- und Zweijährige Kräuter und preisgünstig, wenn Sie viele Pflanzen einer Sorte brauchen. Auch an besondere Züchtungen und seltene Arten kommen Sie oft nur über deren Samen heran.

AUSSAAT IM FREIEN

Eine gründliche Bodenvorbereitung ist die wichtigste Voraussetzung, dass die Samen aufgehen. Einige Wochen vor der geplanten Aussaat lockern Sie den Boden tiefgründig mit Grabegabel oder Sauzahn. Schweren lehmigen Boden graben Sie am besten im Herbst vorher um. Die Erde soll sich etwas setzen, bevor Sie einen Rechen hin und her durch den Boden ziehen, bis das Beet eben und feinkrümelig ist. Die meisten Kräuter brauchen nur wenig Nährstoffe, aber wenn auf magerem Boden Einjährige angebaut werden sollen, harken Sie gesiebten Kompost unter.

TIPP

Hell oder dunkel?
Lichtkeimer brauchen Licht zum Keimen, Ihre Samen entwickeln sich nur oder wesentlich besser, wenn sie nicht oder kaum mit Erde bedeckt sind.
Dunkelkeimer treiben dagegen besser aus, wenn sie gut mit Erde bedeckt sind. Viele Samen keimen sowohl im Hellen als auch im Dunklen.

Schritt für Schritt: in Reihen säen

Reihensaat macht es Ihnen leicht, die richtigen Pflanzenabstände einzuhalten und Unkraut zu jäten:

- Ziehen Sie mit einem Stock oder der Handkante flache Saatrillen und lassen Sie die Samen direkt aus der Tüte in die Rillen rieseln. Sehr kleine Samen können Sie mit etwas feinem, trockenem Sand vermischen, damit sie sich besser verteilen.
- Mit dem Rechen oder der Hand ziehen Sie anschließend etwas Erde über die Saatrillen und drücken die Reihen an. (Ausnahme Lichtkeimer, siehe Kasten)
- Nach der Aussaat gießen Sie behutsam an, damit die Samen nicht fortgespült werden. In den nächsten Tagen und Wochen darf das Saatbett nicht austrocknen, der Boden soll immer gleichmäßig feucht sein.
- Sind die Samen aufgegangen, ziehen Sie vorsichtig alle Keimlinge, die zu dicht stehen, aus dem Boden. Danach gießen Sie, damit sich die aufgelockerte Erde wieder dicht um die Wurzeln der überlebenden Pflanzen schließt.

Streuen Sie die Samen aus ...

... und decken Sie wieder Erde darüber.

Wenn es noch sehr kühl ist

Mit einem Gemüsevlies oder einer geschlitzten Folie bedeckt, keimen Samen im Frühling schneller und Jungpflanzen wachsen rascher als ohne wärmende Decke. Vlies und Folie schützen vor Wind, Regen und Frost. Sie halten auch Katzen, Vögel, Läuse und Schnecken auf Abstand und verhindern, dass der Wind den Boden austrocknet, was besonders für Lichtkeimer wichtig ist. Regen und Gießwasser fließen aber fast ungehindert durch Schlitze und Poren hindurch.

Breiten Sie Vlies oder Folie gleich nach dem Aussäen auf dem Beet aus. Die Ränder beschweren Sie mit Steinen, oder graben Sie rund herum in die Erde ein. Ab Mitte Mai wird es Kräutern allerdings zu heiß unter Vlies und Folie.

Ein Frühbeetkasten eignet sich hervorragend, um empfindliche Kräuter und Zweijährige auszusäen, die später ins Beet verpflanzt werden. Vergessen Sie nicht das Lüften an warmen Tagen. Besonders kurz vor dem Umsetzen sollen die Pflanzen abgehärtet und an kühlere Temperaturen gewöhnt werden.

Manche mögen's heiß

Kräuter wie Basilikum, Schwarznessel oder Zitronenkraut stammen aus tropischen Gebieten und gehen unweigerlich bei Frost oder nasskalter Frühjahrs-Witterung ein. Diese kultivieren Sie im warmen Gewächshaus, Wintergarten oder auf der Fensterbank vor. Nach den Eisheiligen (bitte nebenstehenden Kasten beachten!) können Sie dann kräftige Pflanzen ins Beet oder auf Terrasse und Balkon pflanzen.

Das Wichtigste bei der Vorkultur ist ein heller Platz! Bei Lichtmangel kümmern die Keimlinge, sie werden lang und überstehen den Wechsel ins Freie nur schwer. Da Keimlinge leicht von Krankheiten befallen werden, muss die Aussaaterde steril sein. Im Handel bekommen Sie spezielles Aussaat-Substrat, das keimfrei ist und nur wenige Nährstoffe enthält. Die meisten Samen keimen bei Temperaturen zwischen 18 und 24 °C. Die Wärme sollte möglichst von unten kommen. Auf der kalten Marmorfensterbank legen Sie zur Isolation ein Holzbrett oder Styropor unter die Aussaatschale.

TIPP **Gelten die alten Wetterregeln noch?** Früher galt die Kalte Sophie, also der 15. Mai, als die letzte Nacht, in der mit Frost zu rechnen war. Statistisch gesehen ist aber in Deutschland eher der 20. Mai die letzte gefährliche Nacht. Praktisch gesehen, schlägt das Wetter in den letzten Jahren seltsame Kapriolen und schert sich weder um Traditionen noch um Mathematik. Wenn Sie auf „Nummer Sicher" gehen wollen, pflanzen Sie frostempfindliche Kräuter erst am Ende des Vollfrühlings ins ungeschützte Freiland, dann öffnet der Holunder gerade seine allerersten Knospen und die Wiesengräser beginnen zu blühen. An geschützten Plätzen in der Nähe von Häusern und an Südhängen geht es bis zu zwei Wochen früher.

Die Blüten der Bronze-Perilla haben einen kräftig-aromatischen Duft.

Schritt für Schritt: In Schalen säen

- Füllen Sie das Aussaatgefäß mit Erde, und drücken Sie diese mit der flachen Hand an, die Oberfläche soll eben sein. Das Gefäß darf nicht voll sein: Es soll noch ein gut 1 cm breiter Rand übrigbleiben. Gießen Sie die Erde, so dass sie feucht, aber nicht klatschnass ist.
- Feine Samen verstreuen Sie gleichmäßig auf der Erdoberfläche, dicke Körner legen Sie einzeln, in 1 bis 2 cm Abstand aus.
- Sieben Sie eine dünne Schicht Erde über die Samen und drücken Sie noch einmal leicht an. (Ausnahme: Lichtkeimer, siehe Kasten)
- Befeuchten Sie die Saat vorsichtig mit dem Blumensprüher.

Samen ausstreuen ...

... mit Erde bedecken und andrücken,...

... und vorsichtig anfeuchten.

TIPP

Die Guten ins Töpfchen
Als Aussaatgefäße eignen sich kleine Blumentöpfe und flache Schalen aus Kunststoff oder Styropor. Wichtig sind die Wasser-Abzugslöcher am Boden. Sehr gut lassen sich die Plastikschalen verwenden, in denen Obst oder Tomaten angeboten werden. Mit dem dazugehörigen durchsichtigen Deckel wird ein Mini-Zimmergewächshaus aus der Verkaufsverpackung, in dem empfindliche Samen gut aufgehen und Stecklinge hervorragend anwachsen.

Kaltkeimer

Die meisten Samen quellen auf und keimen, wenn sie feucht und warm liegen. Viele Stauden und Gehölze, die in gemäßigtem Klima heimisch sind, brauchen aber einige Wochen lang Feuchtigkeit kombiniert mit Temperaturen unter 5 °C, um aus ihrer Keimruhe zu erwachen. Das verhindert, dass die kleinen Pflanzen schon im Herbst erscheinen und dann im Winter erfrieren.
Kaltkeimer werden im Herbst ins Freiland ausgesät und beginnen erst im Frühjahr zu wachsen. Man kann auch die Samen in Gefäßen aussäen und diese einige Wochen lang in den Kühlschrank (aber nicht in die Tiefkühltruhe!) stellen. Typische Kaltkeimer sind zum Beispiel: Frauenmantel, Engelwurz, Enziane, Lungenkraut.

Licht- und Dunkelkeimer

Die Samen von Lichtkeimern harken Sie mit dem Rechen ganz leicht in die oberste Erdschicht ein oder drücken sie nur fest an, damit sie guten Bodenschluss haben und nicht austrocknen. Ein Vlies über dem Saatbett hält die Erde gleichmäßig feucht. Achten Sie sorgfältig darauf, dass der Boden stets leicht feucht bleibt.
Wenn Sie Lichtkeimer in Saatschalen aussäen, drücken Sie die Samen an und befeuchten sie mit einer Gießkanne mit sehr feiner Brause oder einem Blumensprüher. Dann decken Sie das Gefäß mit einer Glasscheibe oder Frischhaltefolie ab.
Dunkelkeimer oder Samen, denen das Licht sozusagen egal ist, übersieben sie mit einer Schicht Erde. Als Faustregel gilt, die Deckschicht ist so hoch, wie das Samenkorn dick ist. Auch hier andrücken.

Schritt für Schritt: Pikieren

Sobald sich Keimlinge in den Gefäßen bedrängen, müssen sie auseinander gepflanzt (= pikiert) werden.

- Bereiten Sie den neuen Topf mit frischem Substrat vor.
- Mit einem Pikierholz oder einer Stricknadel lockern Sie vorsichtig den Keimling.
- Dann fassen Sie das Pflänzchen mit Daumen und Zeigefinger und hebeln seine Wurzel mit der Stricknadel aus dem Substrat.
- Bohren Sie ein Loch in die neue Erde. Senken Sie die Wurzeln des Keimlings vorsichtig in das neue Loch, mit der Stricknadel fädeln Sie sie sanft hinein.
- Drücken Sie die Erde etwas fest und gießen Sie vorsichtig an.

Die neue Erde einfüllen und andrücken,...

... Keimlinge vorsichtig herausholen ...

... und einpflanzen.

KAUFEN UND VERMEHREN

Ein oder zwei Exemplare von Beifuß, Estragon, Rosmarin, Lorbeer und anderen ausdauernden Kräutern decken den Gewürzbedarf Ihrer Familie ab, außer Sie eröffnen ein Feinschmecker-Restaurant. Hier lohnt die Aussaat kaum, es ist einfacher, solche Kräuter als vorgezogene Jungpflanzen in Töpfen zu kaufen oder Gartenfreunde um Stecklinge und Teilpflanzen zu bitten.

Die gängigen Gewürzkräuter bekommen Sie auf dem Wochenmarkt, in Gärtnereien und Gartencentern. Meist buhlen dort schon im April handhohe Petersilie, blühender Rosmarin und prächtiger Oregano um die Aufmerksamkeit der Kunden. Vorsicht – diese Kräuter sind unter Glas vorgezogen und weder direkte Sonne noch Frost gewöhnt. Lassen Sie die Pflanzen bei sich zu Hause noch eine Weile im Topf an einer warmen, aber halbschattigen Hauswand stehen, um sie an die härteren Umweltbedingungen zu gewöhnen. Ausgefallene Kräuter wie Zitronengras, Schwarznessel und auch viele Wildkräuter werden Sie in Gartencentern vergeblich suchen. Pflanzen und Samen gibt es bei Spezialversendern (Bezugsquellen Seite 156).

Mit Kräutern von Spezialgärtnereien können Sie Ihren Bestand erweitern.

GETEILTE KRÄUTER – VERMEHRTE FREUDE

Staudenkräuter wie Dost, Johanniskraut oder Melisse bilden mit den Jahren immer breitere Horste, die langsam aber sicher vergreisen. Alle drei bis vier Jahre sollten Sie die Pflanzen im Herbst oder im Frühling teilen. Verschenken Sie überzählige Stücke und pflanzen Sie die schönsten in frisch gelockerten Boden, der vorher mit reifem Kompost verbessert wurde.

Ausläufer machen es uns leicht

Estragon und besonders alle Minzen, in kleinerem Umfang auch Johanniskraut, Monarden und Schafgarben, erobern mit unterirdischen Ausläufern neues Land. Das kann sogar ziemlich lästig werden, dafür ist die Vermehrung denkbar leicht: Graben Sie einfach neu sprießende junge Triebe mitsamt einem kleinen Wurzelballen aus! Am besten wachsen die Pflänzchen im Frühling an.

Ausläufer Johanniskraut

Schritt für Schritt: Kräuter teilen

- Umstechen Sie den Wurzelstock mit dem Spaten und heben Sie ihn aus dem Boden.
- Mit Spaten oder Messer zerschneiden Sie den Stock in mehrere Teile. Kleinere Exemplare reißen Sie mit den Händen auseinander.
- Ziehen Sie alle (!) Unkrautausläufer und Fremdwurzeln aus den Ballen.
- Setzen Sie die Teilstücke in ein bearbeitetes Beet. Die Pflanzen stehen genauso tief im Boden wie vorher. Achten Sie auf genügend große Pflanzabstände.
- Kräftiges Angießen nicht vergessen, damit sich die Erde an die Wurzeln anschmiegt!

Abstechen des Wurzelballens.

Den Ballen teilen.

Teilpflanze in frische Erde setzen.

Stecklinge, die hohe Kunst der Vermehrung

Verholzende Kräuter wie Salbei oder Zitronenverbene lassen sich nicht teilen. Hier gilt es Stecklinge, Steckhölzer oder Absenker zu machen. Die meisten Kräuter-Stecklinge bewurzeln am besten im Sommer und Spätsommer.

Ein Steckling ist „leichte Beute" für Bakterien und Pilzsporen. Verwenden Sie daher als Gefäße neue oder gründlich gereinigte Töpfe und Aussaatschalen. Gekaufte nährstoffarme und sterile Aussaaterde eignet sich als Substrat.

TIPP Das A & O bei der Stecklingsvermehrung ist die gespannte, das heißt feuchte Luft. So verdunsten die vorerst wurzellosen Stecklinge kein Wasser, schlappen nicht und können in Ruhe Wurzeln ausbilden.

Schritt für Schritt: Stecklinge machen

- Füllen Sie die Erde in Topf oder Schale und drücken Sie sie gut an. Wässern Sie, bis die Erde gut durchfeuchtet, aber noch nicht klatschnass ist.
- Verwenden Sie als Schneidwerkzeug ein sauberes, scharfes Messer oder eine frische Rasierklinge, damit die Zellen an der Schnittfläche nicht gequetscht werden.
- Mindestens zwei, höchstens fünf Blattpaare soll der Stecklinge besitzen. Der Trieb darf nicht zu jung, das heißt zu weich sein, sonst fault er. Er sollte aber noch nicht oder nur ganz leicht verholzt sein, sonst dauert die Wurzelbildung sehr lange. Schneiden Sie 3 bis 5 mm unter einem Blattknoten, dort bilden sich am schnellsten Wurzeln.
- Blüten und -knospen, auch ganz kleine, brechen Sie aus, denn sie schütten ein Pflanzenhormon aus, das die Wurzelbildung verhindert.
- Der Steckling soll nicht zu tief, aber doch gerade so weit im Substrat stekken, dass er fest sitzt und nicht wackelt.
- Drücken Sie ihn vorsichtig an und sprühen Sie danach die Erde mit Wasser ein, damit sich die Erdkrümel dicht an ihn schmiegen.
- Damit Stecklinge nicht schlapp machen, sorgen Sie für feuchte Luft, indem Sie Klarsicht-Folienbeutel über Töpfe und Schalen stülpen. Plastikstrohhalme oder Drahtbügel verhindern, dass die Haube zusammenfällt und auf den Blättern liegt.
- Die Stecklinge sollen hell, aber auf keinen Fall in der Sonne stehen. Bei 20 bis 23 °C Bodentemperatur, wurzeln sie am besten. Die Erde darf nie austrocknen, aber auch nicht zu nass sein.
- Wachsen die Blätter, hat der Steckling erste Wurzeln angelegt. Nun öffnen Sie die Plastikhauben täglich ein wenig mehr, um die Pflanzen an die trockenere Luft zu gewöhnen.

Aussaaterde einfüllen ...

Stecklinge schneiden, ...

... angießen, ...

... stecken und andrücken, ...

... und für feuchte Luft sorgen.

ABLEGER UND ABSENKER

Absenken ist eine langsame aber einfache Vermehrungs-Methode. Biegen Sie im Frühjahr einen weichen Trieb von Salbei, Thymian, Eberraute, Lavendel oder Rosmarin bis zum Boden herunter und entfernen Sie die Blätter in der Mitte des Zweiges. Befestigen Sie den Trieb hinter seiner Spitze mit einem Haken in einer kleinen Bodenmulde und bedecken Sie diese Stelle wieder mit Erde. Die Triebspitze biegen Sie vorsichtig etwas aufwärts.

Absenker am Boden befestigen, ...

... mit Erde bedecken.

Minze vermehrt sich schnell durch Ableger.

FECHSER UND WURZELSTECKLINGE

Meerrettich, Arnika, Minzen, Süßdolden oder Beinwell vermehrt man durch Wurzelstecklinge. Im Herbst legen Sie einen Teil der Wurzeln frei und schneiden starke Seitenwurzeln ab, die Sie dann in etwa 12 bis 15 cm lange Abschnitte teilen. Das untere Ende markieren Sie jeweils mit einem schrägen Schnitt, damit es auch wirklich wieder unten landet! Stecken Sie die Fechser schräg-aufrecht in gut gelockerten Boden. Die oberen Enden sollen 1 bis 2 cm unter der Erdoberfläche liegen.

Wurzeln freilegen ...

Fechser zurechtschneiden ...

... und in lockere Erde setzen.

Kräuter selbst vermehren

Gartenkräuter

Die meisten Ein- und Zweijährigen säen Sie am besten direkt ins Beet:
Anis, Bockshornklee, Borretsch, Dill, Kamille, Kerbel, Königskerze, Koriander, Kresse, Löffelkraut, Nachtkerze, Petersilie, Portulak, Rauke, Ringelblume, Winterkresse

Diese Einjährigen gedeihen besser mit einer warmen Vorkultur:
Basilikum, Majoran, Schwarznessel, Zitronenkraut

Folgende Stauden lassen sich besonders leicht durch Teilung vermehren:
Beifuß, Bergbohnenkraut, Estragon, Goldrute, Johanniskraut, Melisse, Monarde, Origano, Pfefferminze, Sauerampfer, Schafgarbe, Schnittlauch, Waldmeister, Wermut, Ysop, Zitronengras

Die Stecklinge von diesen Kräutern wurzeln sehr gut an:
Agastachen, Duftpelargonien, Eberraute, Rosmarin, Salbei, Tripmadame, Thymian, Zitronenverbene

Heilkräuter

Ein- und 2jährige zur direkten Aussaat:
Anis, Fenchel, Kamille, Ringelblume, Großblütige Königskerze, Filzige/Gemeine Königskerze, Stiefmütterchen

1-jährige zur Vorkultur:
höchstens Königskerze aber eigentlich wegen Pfahlwurzel besser vor Ort

Stauden/Gehölze, die man einfach aussät, bzw. die sich auch gut selbst aussäen:
Eisenkraut, Johanniskraut, Große Brennnessel, Kleine Brennnessel, Gänseblümchen, Giersch, Holunder, Schafgarbe, Löwenzahn, Spitzwegerich, Breitwegerich, Veilchen, Waldmeister, Wermut

Teilbar:
Baldrian, Johanniskraut, Melisse, Pfefferminze, Gänseblümchen, Giersch, Hopfen, Schachtelhalm, Waldmeister, Wermut

Stecklinge:
Lavendel, Salbei, Thymian, Wilder Thymian/Quendel, Hopfen, Waldmeister, Wermut

DEN BODEN PFLEGEN UND DÜNGEN

Kräuter brauchen nicht viele Nährstoffe. Im Gegenteil, sie mögen keinen fetten Boden. Der führt zu mastigen, aufgeblähten Pflanzen, die anfällig gegenüber Schädlingen und Krankheiten sind, bei Wind und Wetter leicht umknicken, Frost schlecht vertragen und außerdem weniger heilsame und aromatische Inhaltsstoffe ausbilden. Ausnahmen sind lediglich meist kurzlebige Gewürze wie Dill, Kresse, Petersilie und Stauden wie Schnittlauch, Estragon oder Zitronenmelisse, die auch kühleres und feuchteres Wetter vertragen. Sie bevorzugen einen lockeren organischen Boden.

KOMPOST UND JAUCHE

Kompost ist reif, wenn er braun und krümelig aussieht und nach Erde duftet. Werfen Sie ihn dann schaufelweise durch ein Kompostsieb. Anschließend verteilen Sie den Humus zwischen Staudenkräutern und auf den Beeten für Ein- und Zweijährige .

Wichtig: Graben Sie den Kompost nie unter, harken Sie ihn nur leicht in die obere Bodenschicht ein.

Brennnessel oder Beinwelljauche sind ideale Flüssigdünger für Kräuter, die nicht recht wachsen wollen und hellgrüne Blätter als typisches Zeichen des Nährstoffmangels aufweisen.

PRAKTISCHE BODENDECKEN

Eine Mulchschicht, das ist eine 2 bis 7 cm dicke Schicht aus organischer Substanz, die auf der nackten Erde verteilt wird, hält den Boden locker, feucht und relativ frei von Unkräutern. Der Nachteil: Schnecken verkriechen sich darunter. Zwischen ein- und zweijährigen Kräutern verteilen Sie eine maximal 4-5 cm dünne Schicht frischen Rasenschnitt. Der verrottet schnell und gibt seine Nährstoffe an den Boden ab.

Unter Gehölzen und zwischen Stauden können Sie Rindenmulch streuen. Das holzige Material aus dem Gartencenter verrottet langsam und verbraucht dabei Nährstoffe. Sie sollten deshalb mit Hornspänen düngen, bevor dieser Mulch auf den Boden kommt.

Bei Mittelmeerkräutern, die kalkhaltigen trockenen Boden bevorzugen, ist eine organische Bodendecke meist fehl am Platz. Hier könnten Sie mit Kies, hübschen Flusssteinen oder gewaschenen Muschelschalen "mulchen".

Rindenmulch bzw. Muschelschalenmischung als Bodendecke.

TIPP

4 x gegen Schnecken

- Sammeln Sie die Tiere morgens, abends und bei Regenwetter ab. Tagsüber verstecken sich Schnecken gerne unter Holzbrettern auf dem Boden und lassen sich dort gut abklauben.
- Streuen Sie Sägespäne, Fichtennadeln, Kaffeesatz oder biologisches Schneckenkorn (Ferramol) um Schneckenmagneten wie Basilikum oder junge Petersilie.
- Ein Schneckenzaun rund um das Beet verwehrt schleimigen Kriechern den Eintritt ins Kräuterparadies.
- Sieben Sie Ihren reifen Kompost durch, bevor die Schnecken ihre Eier im Sommer, meist Juli, darin ablegen.

Eine nahrhafte Jauche ansetzen

Brennnesseln enthalten viel Stickstoff, Eisen und andere Spurenelemente. Eine Jauche aus Blättern und Stängeln ergibt einen schnell wirksamen, aber milden Flüssigdünger.

- Sammeln Sie Brennnesseln, bevor sich die Samen ab August braun färben.
- Schichten Sie die geschnittenen Stängel und Blätter in eine Tonne und füllen Sie mit Wasser auf, man rechnet etwa 1 kg frisches Kraut auf 10 Liter Wasser.
- Die Jauche fängt nach kurzer Zeit an zu schäumen und zu stinken, daher ist ein Deckel nützlich. Rühren Sie täglich kräftig um.
- Nach ein bis zwei Wochen nimmt die Jauche eine klare braune Färbung an und ist fertig. Sie wird mit Wasser verdünnt (etwa 1:10) gegossen.

GESUNDE KRÄUTER

Wenn Kräuter am richtigen Standort wachsen, sind sie stark und widerstandsfähig gegen Feinde von außen. Gerade ihre Inhaltsstoffe, die uns so angenehm erscheinen, „stinken" Schädlingen gewaltig und versperren Pilzen und Bakterien den Eintritt in die grünen Zellen. Das ist der Hauptgrund, warum sich Kräuter solche Mühe machen, hoch komplizierte Stoffe in ihren Zellen zu bauen – sie wollen selber gesund bleiben!

Nützliche Untermieter

Sind Gartenkräuter von Blattläusen befallen, beobachten Sie erst einmal Blätter, Blüten und Stängel ganz genau. Vielleicht tummeln sich dort schon Marienkäfer inclusive Larven und andere Nützlinge. Sie alle gehen auf Läusejagd.

Viele Singvögel, Eidechsen, Igel und Spitzmäuse halten nach fetterer Beute Ausschau. Sie vertilgen haarige Raupen, bleiche Larven, Engerlinge und knackige Drahtwürmer mit Genuss.

In einem naturnahen Garten stellen sich Nützlinge von selbst ein. Die Blüten von Kerbel, Dill und anderen Doldenblütlern locken Schwebfliegen an. Lassen Sie am sonnigen Platz auch einen kleinen Haufen Natursteine für Eidechsen liegen, unter trockenen Zweigen und Laub macht es sich Familie Igel den Winter über gemütlich und Nistkästen laden Stare, Meisen und Rotschwänze zum Brüten ein.

Die Mischung macht es

Bestimmte Pflanzen vertragen sich im Beet gut miteinander, andere wiederum sind sich spinnefeind. Meist liegt es an der Konkurrenz der Wurzeln um Nährstoffe, manchmal an den gegenseitigen Ausdünstungen. Dieses Phänomen machen sich Biogärtner bei der Gemüsekultur zunutze: Der starke Kräuterduft verwirrt fliegende Insekten, die auf bestimmte Gemüsearten spezialisiert sind, und sie finden ihre Beute nicht mehr. In den meisten Kräutertgärten wachsen Gewürze und Heilpflanzen sowie Gemüse kunterbunt durcheinander – eine perfekte Mischkultur!

Im Notfall

Wenn Gärtner angesichts sechsbeiniger Mitesser und gefleckter Blätter dennoch die Nerven verlieren, dann wollen sie aktiv werden. Es helfen bereits einfache Maßnahmen:

- Läuse zerdrücken Sie direkt am Stängel oder spritzen sie mit einem scharfen Wasserstrahl ab.
- Raupen und Käfer sammeln Sie von den Kräutern ab.
- Auch mit selbst gemachter Wermut- oder Rainfarnbrühe töten Sie die Schädlinge.
- Gegen Pilzkrankheiten können Sie nur vorbeugend vorgehen. Selbst angesetzte Knoblauch- oder Schachtelhalmbrühe und entsprechende Präparate aus dem Handel helfen bei regelmäßiger Anwendung im Zweiwochen-Rhythmus.

Raupen schnell absammeln.

Pilzbefall an Majoran.

Pflanzen helfen Pflanzen

Inhaltsstoffe aus Pflanzenbrühen helfen Pflanzen gesund zu bleiben.
Wermutsud aus Triebspitzen wirkt gegen Läuse, Ameisen, Raupen und andere Insekten.
Die Blätter und Blüten von Rainfarn wehren Insekten und Milben ab.
Ackerschachtelhalm wirkt vorbeugend gegen Pilzkrankheiten. Auch Knoblauch beugt Pilzerkrankungen und Läusen vor. Kochen Sie etwa 300 g Knoblauchknollen in 5 l Wasser.

Und so gelingt die Brühe:

- Schneiden Sie 500-600 g Pflanzenteile in kleine Stücke und weichen Sie diese über Nacht in ca. 5 Liter Wasser ein.
- Erhitzen Sie alles in einem Topf und lassen Sie es etwa 15–30 Minuten bei geschlossenem Deckel leicht köcheln.
- Gießen Sie den Ansatz durch ein Sieb.
- Verdünnen Sie die konzentrierte Brühe nochmals 1:5 mit Wasser.

Was läuft da schief?

Doldenblütler wie Dill, Kerbel, Petersilie

- kümmert, verkrümmte Blätter
- Blattläuse
- brauchen viel Sonne und Wärme, aber feucht-humosen Boden

- rötliche kümmerliche Blätter, Wurzeln angefressen
- Möhrenfliege
- Mischkultur mit Zwiebeln, Knoblauch oder Schnittlauch anpflanzen, Beet wechseln

- welkende Blätter; graue, pudrige Läuse an den Wurzeln
- Wurzelläuse
- auf jährlichen Platzwechsel achten!

Kohlgewächse wie Kresse, Senf, Rauke

- Keimblätter und junge Blätter durchlöchert, kleine gestreifte, hüpfende Käfer
- Erdflöhe
- Mulchen, Erde gut feucht halten, Ginsterzweige auslegen

Minzen, Malven, Schnittlauch

- Rötlich bis braune Flecken und Pusteln auf den Blättern
- Rostkrankheiten (pilzliche Erreger)
- Minze und Schnittlauch zurückschneiden, düngen und etwas feuchter halten, widerstandsfähige Züchtungen wählen.

Keimlinge, besonders in Saatschalen

- Stielchen werden braun oder/und eingesunkene Stellen, Keimling kippt um
- bakterielle und pilzliche Umfallkrankheiten der Keimlinge
- Kranke Pflanzen sofort entfernen. Für gute Durchlüftung sowie genügend Licht und Wärme sorgen. Saatschalen nicht zu feucht halten. Das nächste Mal auf mehr Hygiene bezüglich Aussaatgefäß und Erde achten.

KRÄUTER IM TOPF

Auf Balkon, Terrasse und Fenstersims, sogar auf der Fensterbank, gedeihen Gewürze im Topf. Wo kein Garten vorhanden ist oder wo die Wachstumsbedingungen schlecht sind, können Sie Ihre Lieblingskräuter in Töpfe pflanzen und an geschützte Plätze stellen. Einige Raritäten wie Agastache, Zitronenkraut oder Mexikanischer Oregano vertragen keinen Frost. Auch sie wachsen jahrelang in Kübeln und Trögen, die man im Winter ins Haus tragen kann.

Rauke und Kapuzinerkresse in originellem Schneckengefäß.

Vietnamesischer Koriander im Bastkörbchen.

GEFÄSSE

Blumentöpfe und Balkonkästen, Kübel und Tröge – in allen möglichen Gefäßen fühlen sich Kräuter wohl. Kerbel, Petersilie, Kresse und andere Einjährige säen Sie am besten gleich in den Balkonkasten oder ein anderes breites Gefäß. Mittelmeerbewohner wie Thymian, Oregano oder Bohnenkraut kommen mit relativ kleinen Töpfen gut zurecht; in ihrer Heimat war der Boden auch nicht ergiebig.

Basilikum und andere wuchernde Kräuter wie Pfefferminze, Melisse und auch Gehölze, wie Lorbeer oder Zitronenstrauch brauchen einen richtig großen Topf.

Schon, aber schwer sind Terrakottagefäße. Wer sie aus Kostengründen nicht anschaffen mag, kann auf geräumige Kunststoffkübel ausweichen, die sogar recht ansprechend gestaltet sind. Manche besitzen ein Wasserreservoire am Boden, was in heißen Sommer das häufige Wasserschleppen erspart. Aber auch preisgünstige Kunststoff-Mörtelwannen aus dem Baumarkt werden zu Pflanzgefäßen, wenn Sie in den Boden mehrere Löcher bohren, aus denen überschüssiges Gießwasser abfließt. Hübsch sehen Kompostkörbe aus Weidengeflecht und andere Körbe aus. Sie müssen nur innen eine Folie einlegen, die am Boden mit Wasserabzugslöchern versehen ist. Auch hölzerne Obstkisten, Zinkwannen, malerische Kupferkessel, Kochtöpfe, sogar alte Schuhe eignen sich als Pflanzgefäße, wenn sie nur Löcher am Boden besitzen.

Auf einem kleinen Balkon können Sie jeden verfügbaren Raum ausnutzen und in der Höhe gärtnern: Hanging Baskets (hängende Körbe), in England üppig mit Balkonblumen bepflanzt, können genauso gut Kräuter beherbergen. Spezielle Kräutertöpfe besitzen an den Seiten Öffnungen für Pflanzen, so dass viele Kräuter auf kleinstem Raum Platz finden.

TIPP Ein Platz an der Sonne ist für alle Topfkräuter wichtig. Auf dem Balkon wählen Sie einen möglichst windstillen Ort, sonst trocknen die Töpfe im Sommer zu schnell aus. Regelmäßiges Wässern ist die Hauptarbeit im Sommer. Manchmal müssen Sie sogar morgens und abends gießen.

Attraktiv und platzsparend – eine Kräuteretagere.

Lorbeer und Zitronenverbene – schön in Töpfen.

Mediterrane Töpfe in frischen Blautönen.

Schritt für Schritt: Kräuter eintopfen

Mit wenigen Ausnahmen vertragen Kräuter trockene Erde besser als tropfnasses Substrat. Überschüssiges Wasser muss daher schnell abfließen und die Erde soll besonders locker und luftig sein.

- Auf den Boden sollten Sie immer eine mindestens zentimeterdicke Schicht aus Blähton, Tonscherben, Styroporflocken (von Verpackungen), grobem Kies oder ähnlichem verteilen.
- Füllen Sie Substrat oder die selbst gemischte Erde ein.
- Pflanzen Sie die Kräuter so, dass ein daumenbreiter Gießrand bleibt und stoßen Sie den Topf ein paar Mal auf dem Boden auf, damit sich das Substrat setzt. Dann drücken Sie das Substrat noch einmal rund um die Pflanzen leicht an.
- Gießen Sie kräftig an.

Kräuter fühlen sich im Balkonkasten wohl.

Sehr dekorativ sehen große Terrakotta-Töpfe oder Steintröge aus, die mit verschiedenen großen und kleinen Kräutern und Blumen bepflanzt sind. Achten Sie darauf, dass alle Bewohner eines Gefäßes ähnliche Ansprüche an Licht, Wasser und Nährstoffen haben und lassen Sie sich nicht verführen, die kleinen Jungkräuter zu dicht zu pflanzen. Die wachsen noch ordentlich.

Dieser Zitronenkräuter-Topf zum Beispiel braucht einen warmen, sonnigen Platz, viel Wasser und nur mäßig viel Dünger. In der Mitte wächst ein als Hochstamm gezogener Zitronenstrauch (*Aloysia triphylla*). Zu seinen Füßen blühen Tagetes tenuifolia 'Lemon Gem', deren Blüten und Blätter wie Mandarinenschalen schmecken. Die pinkfarbigen Blütenähren der Zitronen-Agastache (*Agastache mexicana* 'Toronjil Morado') wirken daneben zwar recht poppig, aber das erfrischende Aroma ihrer Blätter darf in dieser Komposition nicht fehlen. Zitronenbasilikum und das Zitronenkraut (*Satureja biflora*) mit leicht scharfem Zitronenschalen-Aroma füllen die Lücken.

ERDE UND DÜNGEN

Kräuter brauchen zwar nur wenig Nährstoffe, aber in Gefäßen kommt es schnell zu Mangelerscheinungen. Deshalb greift man als Substrat zu normaler gedüngter Balkonblumen- oder Topfpflanzenerde, wenn es geht torffrei. Verwenden Sie nur hochwertige Substrate wie Einheitserde mit einem Tonanteil. Billige Produkte sind nur selten empfehlenswert. Wer die Möglichkeit hat Erde selbst zu mischen, vermengt etwa ein Drittel gut verrotteten und gesiebten Kompost mit einem Drittel grobem Sand und einem Drittel Gartenerde oder besser noch Rindenhumus.

Vier bis sechs Wochen nach einem Umtopfen haben viele Pflanzen, besonders wüchsige Kräuter wie Basilikum, Petersilie oder Zitronenmelisse, den Nährstoffvorrat ihres Topfes aufgebraucht. Nun sollten Sie alle zwei Wochen mit Brennnesseljauche oder käuflichen Flüssigdüngern nachdüngen. Es gibt auch biologische Produkte. Ab August stellen Sie das Düngen ein. Die Pflanzen sollen jetzt nicht mehr viel wachsen, sondern in Ruhe ausreifen. So wird ihr Gewebe frosthärter und sie überstehen den Winter besser.

Ernähren Sie die Topfkräuter mit organischem Flüssigdünger.

Und im Winter?

Wer fleißig gießt, regelmäßig düngt und nach Läusen schaut, dürfte mit der Topfkultur im Sommer keine Probleme haben. Die kommen erst, wenn bunte Blätter von den Bäumen segeln. Dann stellt sich die Frage: Was tun im Winter?

Man teilt die Kräuter dabei nach ihrer Kälteverträglichkeit in drei Gruppen auf.

Winterharte Kräuter

Schnittlauch, Thymian, Melisse und andere robuste Kräuter in Töpfen und Kästen überwintern draußen an der frischen Luft. Allerdings sollten Sie die Gefäße mit Noppenfolie, Stroh, Zeitungspapier und anderen Isoliermaterialien umwickeln und dicht an die Hauswand stellen. Wenn es sehr kalt wird, decken Sie auch die Triebe mit Folie oder Vlies ab. An frostfreien Tagen gießen Sie gelegentlich, denn die Stängel verdunsten Wasser.

Noppenfolie schützt vor Winterkälte.

Kübelkräuter

Mediterrane Sträucher wie Lorbeer, Duftpelargonien, Zitrusgewächse oder Rosmarin vertragen keinen oder nur wenige Grade Frost. Bei Kälte darf ihr Wurzelballen auf keinen Fall zu nass sein, sonst entwickeln sich im Handumdrehen Wurzelfäulen. Diese Kräuter räumen Sie im Herbst in einen kühlen, aber weitgehend frostfreien und wenn möglich hellen Raum ein. Optimal sind frostfrei gehaltene Wintergärten und Gewächshäuser, aber auch Treppenflure, Dachböden, helle Kellerräume oder die frostfreie Garagen tun ihre Dienste. Wichtig: In den meisten Quartieren ist es zu dunkel und eher zu warm. Dadurch verbrauchen die Pflanzen eingelagerte Reservestoffe, die sie mangels Sonnenlicht nicht ersetzen können. Dauert dieser Zustand zu lange, erschöpfen sich die Pflanzen und gehen ein. Deshalb stellen Sie alle halbwegs robusten Kübelpflanzen so spät wie möglich ins Winterquartier und holen sie so früh wie es geht im Frühling wieder heraus. Im Herbst rücken Sie alle Pflanzen erst einmal an die Hauswand und bedecken sie während der ersten Frostnächte mit Tüchern oder Folien. Erst, wenn Dauerfrost oder Nachtfrost unter – 5 °C droht, bringen Sie die Kübel in Sicherheit.

Wärme liebende Kräuter

Strauchbasilikum, Zitronenkraut, Aloe, Jamaika-Thymian und andere Tropenbewohner fühlen sich bereits bei Temperaturen unter + 10 °C unbehaglich. Diese Pflanzen räumen Sie schon früher ins Warme und stellen Sie auch erst im Mai wieder an die frische Luft. Geben Sie den Kräutern einen sonnigen Platz auf einer Fensterbank in einem kühlen Raum. Optimal für die meisten Verfrorenen sind etwa 15 °C. Wenn die Pflanzen wärmer stehen, gehen sie deshalb nicht gleich ein, aber sie leiden sichtlich unter der trockenen Heizungsluft und werden leicht von Blattläusen, Roter Spinne und Schildläusen befallen. Tipps zur Überwinterung der empfindlichen tropischen und mediterranen Arten finden Sie bei den Portraits.

Vitamin von der Fensterbank

Wer gerne mit frischen Kräutern würzt, kann sich Petersilie, Schnittlauch, Zitronenmelisse und andere Gartenkräuter im Winter auf die Fensterbank holen. Dazu graben Sie im Spätherbst kleine junge Kräuter aus und pflanzen Sie mit etwas Substrat in Blumentöpfe (aus gefrorenem Boden können Sie später nichts herausholen). Die Töpfe senken Sie erst einmal wieder bis zum Rand in die Erde ein. Wenn Sie die Gewürze dann brauchen, tragen Sie die Kräuter ins Haus und stellen sie auf eine helle Fensterbank. Dort treiben sie sehr weiches zartes Grün. Nach dem Abernten graben Sie die Töpfe an einem möglichst geschützten Platz in Ihrem Garten wieder ein. Die Wurzelballen sind dann erschöpft und von der Zimmerwärme verwöhnt, daher treiben nicht alle im nächsten Frühjahr wieder aus.

ERNTEN UND AUFBEREITEN

Der Kräuteranbau im Garten ist mit relativ wenig Arbeit verbunden, aber bei Ernte und Verarbeitung sollten Sie weder Mühe noch Zeit scheuen. Denn ätherische Öle verflüchtigen sich und wirksame Inhaltsstoffe zerfallen bei falscher Behandlung. Darum gibt es verschiedene Ernte-, Aufbereitungs- und Verarbeitungsmethoden, je nachdem, ob Blätter, Blüten, Knollen oder Wurzeln verwendet werden.

Wollen Sie Kräuter verarbeiten und aufbewahren, sollten Sie sehr genau auf den richtigen Ernte-Zeitpunkt achten. Das ist der, an dem die Pflanzen die höchsten Gehalte an erwünschten Inhaltsstoffen und bei manchen Arten die niedrigsten Gehalte an unerwünschten Stoffen aufweisen. Das wiederum hängt vom Reifezustand der Pflanze, vom Wetter und – wie manche meinen – vom Mondstand ab.

Ganz spontan und ohne großes Nachdenken gehen Sie dagegen vor, wenn Sie Kräuter frisch verwenden.

VOM RICHTIGEN ZEITPUNKT

Die Blätter der meisten Kräuter haben das beste Aroma und die meisten Inhaltsstoffe kurz vor oder zu Beginn ihrer Blüte. Gerade mediterrane Pflanzen wie Thymian, Oregano, Majoran und Salbei ernten Sie, wenn die Blütenknospen dick geschwollen sind oder die ersten Blüten sich öffnen. Gleiches gilt für viele Heilpflanzen, zum Beispiel Schafgarbe, Eisenkraut oder Taubnesseln.

Die typischen Salatkräuter schneiden Sie dagegen bereits vor der Blüte. Ihre Blätter sollen noch jung oder gerade ausgewachsen sein. Das gilt besonders für Petersilie, Kresse, Pimpinelle oder Sauerampfer.

Blüten wie Kamillen, Ringelblumen, Königskerzen oder Rosen kneifen Sie kurz nach dem Aufblühen ab.

Wurzel und Knollen enthalten am meisten Kraft, wenn sich die Pflanze im Herbst zur Ruhe begeben hat. Alle wichtigen Stoffe sind dann in ihre unterirdischen Organe geflossen. Meerrettich-, Baldrian-, Eibisch- und Alantwurzeln graben Sie in Herbst oder Winter aus dem Boden, wenn die Pflanzen ihre Blätter eingezogen haben.

Samen ernten Sie, wenn sie reif sind. Bei Dill, Kümmel, Koriander und anderen müssen Sie aber aufpassen, denn die Körner fallen schnell aus. Schneiden Sie ganze Stiele ab, wenn die ersten Samen daran reif sind, andere aber noch grün aussehen. Gebündelt hängen Sie die Stängel kopfüber in eine Stofftasche oder einen Gaze-Beutel an einen warmen Ort.

Das Wetter ist wichtig

Egal, welche Pflanze, egal welchen Pflanzenteil Sie ernten wollen: beachten Sie dabei den Wetterverlauf. Nach einer kühlen Regenperiode schmecken die Kräuter meist fad und besitzen weiche, wässrige Blätter. Nach sonnigen warmen Tagen entwickeln sie ein intensives Aroma. Wägen Sie daher ab zwischen dem optimalen Reifezustand und der Witterung. Hören Sie zum Beispiel im Radio, dass eine Schlechtwetter-Welle anrollt, dann schneiden Sie Kräuter zum Trocknen lieber ein bis zwei Tage, bevor sich ihre Blütenknospen öffnen. Oder anders: Blühen die Pflanzen, aber es regnet ständig, dann warten Sie auf trockene Tage.

Wildkräuterernte

Viele Frühlingskräuter und Heilpflanzen wachsen in Wald und Wiese. In der freien Natur besitzen sie sogar meist mehr Wirkkraft als die verhätschelten Verwandten im Garten. Aber beim Sammeln sollten Sie sehr achtsam sein:

- Pflanzen an Straßen und am Bahndamm sind mit Dieselruß, Reifenabrieb, Unkrautmitteln oder zumindestens Hundekot verunreinigt.
- Pflanzen auf Wiesen und an Feldrändern waren meist dem Nebel von Pestiziden und Mineraldüngern ausgesetzt. Im Zweifelsfall verzichten Sie.
- Auch in unberührter Natur werden Pflanzen von Krankheiten und Schädlingen geplagt. Meiden Sie Kräuter mit Fraßstellen, Flecken und Belägen.
- In Naturschutzgebieten ernten Sie grundsätzlich nichts! Soviel Achtung sind Sie der Natur schuldig.
- Haben Sie eine gute und erlaubte Stelle gefunden, dann entnehmen Sie nur so viele Blätter und Blüten, dass die Pflanzen weiterleben und der Bestand nicht gefährdet wird.

Schafgarbe in der Wiese.

Schneiden und waschen

Im Mittelalter wurde oft empfohlen, Heil- und Zauberkräuter nicht mit Eisen in Berührung zu bringen. Heute bestehen Messer und Scheren erstens aus besseren rostfreien Eisenverbindungen und zweitens sind wir nicht mehr so abergläubisch. Dennoch sollten Sie Ihre Kräuter nicht im Hau-Ruck-Verfahren von der Pflanze rupfen. Schneiden und pflücken Sie mit Bedacht:

- Wählen Sie nur Blätter und Blüten ohne Flecken oder andere Verunreinigungen.
- Legen Sie das Erntegut in einen luftigen Korb oder in eine Papiertüte und ernten Sie jeweils nur kleine Portionen, die Sie schnell in den Schatten bringen und dort sofort weiterarbeiten.
- Achten Sie darauf, dass Sie das Erntegut nicht quetschen, zerdrücken oder unnötig beschädigen.

Waschen oder nicht waschen?

Ein leidiges Thema ist das Waschen. Wollen Sie die Pflanzen trocknen, in Öl oder Alkohol einlegen, sind tropfnasse Blätter ganz und gar kontraproduktiv. Und erst recht gewässerte Blüten – bei Holunderdolden zum Beispiel bringt Pollen den Geschmack – und der ist dann fortgespült.

Wenn es irgendwie hygienisch vertretbar ist, waschen Sie nicht. Schauen Sie sich die Blätter und Blüten genau an, lesen Sie verschmutzte Teile aus und schütteln Sie die gebündelten Triebe, damit Käfer und Spinnen herausfallen.

Wohnen Sie an einer befahrenen Straße oder in einer Gegend mit belasteter Luft, wird doch gewaschen. Sie legen danach Blätter und Blüten ausgebreitet auf ein Handtuch, tupfen sie vorsichtig ab und lassen sie vor der Weiterverwendung trocknen.

Geerntete Wurzeln schrubben Sie dagegen kräftig und gründlich sauber.

Gehen Sie beim Ernten achtsam vor.

Richtig trocknen

Viele Gewürze und Teekräuter lassen sich gut trocknen, ohne dabei ihr Aroma oder ihre Wirksamkeit einzubüßen. Typischerweise sind das die Pizza-Kräuter wie Oregano & Co., die das trockene Prinzip schon kennen: als sommerliche Dürre in ihrer Mittelmeer -Heimat. Ganz im Gegensatz dazu verlieren die meisten Salatkräuter wie Dill, Schnittlauch oder Kerbel, die kühl-feuchte mitteleuropäische Sommer gewohnt sind, beim Trocknen ihr Aroma. Diese lassen sich leidlich gut tiefgefroren konservieren.

Heimische Heilpflanzen dagegen, die als Tee aufgebrüht werden, behalten auch getrocknet ihre Wirkung. Ausnahmen bestätigen die Regel. Zum Beispiel zerfällt beim Trocknen das Aucubin, welches die keimhemmende Wirkung von Spitzwegerich begründet.

Das Trocknen ist die häufigste und einfachste Methode Kräuter zu konservieren. Grob geschätzt behalten getrocknete Kräuter etwa ein Jahr lang ihr Aroma und ihre Wirksamkeit, wenn sie richtig aufbewahrt werden.

Sind es die Blätter, die Aroma oder Heilkraft bergen, dann schneidet man meistens ganze Stängel ab und fasst sie mit einem Gummiband zu kleinen Bündeln zusammen.

Hängen Sie die Bündel kopfüber an einen warmen, dunklen Ort mit trockener sauberer Luft. Das kann der Dachboden, der Heizungskeller (wenn es dort nicht nach Öl riecht), ein Schuppen oder ähnliches sein. Am Licht getrocknet verlieren die Kräuter ihre Farbe. Ist es zu heiß, werden ihre Wirkstoffe zerstört. Ist es zu kalt und zu feucht, bildet sich Schimmel.

Profis trocknen die Blätter auf Gittern, Rosten oder auf in Rahmen gespannter Gaze. Auch niedrig eingestellte Dörrapparate oder der 30 bis 50 Grad warme Ofen erfüllen gute Dienste.

Blüten sind empfindlicher. Kleine wie Kamillen, Königskerzen oder Weißdorn zupfen Sie einzeln ab und legen sie auf ein Küchenhandtuch nebeneinander (nicht aufeinander!) Das Handtuch wiederum kommt auf ein Grillgitter oder Bachblech, so trocknet das Ganze an einem dunklen warmen Ort.

Große Blüten wie Rosen oder Ringelblumen brauchen auf diese Weise lange, bis sie durch und durch dürr sind. Schneller geht es, wenn Sie die Blütenblätter einzeln ausgezupft trocknen.

Ganze Wurzeln trocknen langsam und schimmeln daher leicht, wenn es im Raum nicht warm genug ist oder zu wenig Luftbewegung herrscht. Daher sollten Sie Wurzeln vorher in dünne Scheiben schneiden oder raspeln.

Blütenblätter trocknen auf Gaze.

Nach dem Trocknen

Das Trocknen ist abgeschlossen, wenn die Pflanzenteile beim Drücken knistern. Dann zupfen Sie die Blätter von den Stängeln und füllen sie – wie auch getrocknete Blüten und Wurzelstücke – in ein luftdicht verschließbares Teedöschen oder Schraubdeckelglas. Gläser sollten dunkel gefärbt sein, wenn sie am Licht auf einem offenen Regal stehen.

DAS JAHR IM KRÄUTERGARTEN

Kräuter brauchen nicht viel Pflege, wenn ihre Bedürfnisse an Licht, Wärme und Boden erfüllt werden. Dennoch gibt es natürlich das ganze Jahr über etwas zu tun.

Arbeiten im Jahreslauf

Jahreszeitliche Arbeiten hängen vom Wetter des Jahres und vom Klima des jeweiligen Ortes ab. Beginnen zum Beispiel am Rhein die Schneeglöckchen zu blühen, so herrscht in Bayern oft noch tiefster Winter. Wetterkundler und Botaniker teilen das Jahr daher in zehn natürliche Jahreszeiten ein. Sie können selbst den Beginn, den Höhepunkt und das Ende einer dieser phänologischen Jahrszeiten erkennen. Es treiben, blühen oder fruchten dann ganz bestimmte Zeiger-Pflanzen. Blüht zum Beispiel die Heckenrose beginnt der Frühsommer, werden die Früchte der Ebereschen weich, fängt der Spätsommer an und wenn Birken und Stieleichen ihre Blätter verlieren kommt der Spätherbst. In der Tabelle auf Seite 154 finden Sie eine Einteilung der natürlichen Jahreszeiten und einige der vielen Zeigerpflanzen aufgelistet, damit Sie für Ihren eigenen Wohnort den Beginn der Jahreszeiten und die damit anfallenden Arbeiten besser einschatzen können und sich nicht nur auf die – mitunter ungenauen – Monatsangaben verlassen müssen.

Sommerbeet mit Löwenmäulchen.

Februar/März

VORFRÜHLING

Noch ist der Boden zu kalt und zu nass um auszusäen oder gar zu pflanzen. Die gärtnerischen Tätigkeiten finden überwiegend im Haus statt:

- Planen Sie das kommende Gartenjahr und blättern Sie in Samen und Kräuterkatalogen. Wer bald bestellt, bekommt noch alles!

März/April/Mai

ERSTFRÜHLING

Nun geht es los und zwar erst einmal mit den groben Arbeiten:

- Entfernen Sie im März den Winterschutz von frostempfindlichen Kräutern wie Rosmarin und harken Sie Mulchdecken weg, damit die Frühjahrssonne den Boden erwärmen kann und Schnecken keinen Unterschlupf finden.
- Halbstrauchige Kräuter wie Salbei, Lavendel, Thymian, Eberraute u. a. schneiden Sie kräftig zurück, damit sie von unten austreiben und schön buschig wachsen.
- Bei den Stauden wie Zitronenmelisse oder Monarden entfernen sie alle abgestorbenen Triebe vom letzten Jahr.
- Sobald der Boden aufgetaut und soweit abgetrocknet ist, dass der Lehm nicht mehr unter ihren Schuhen klebt, können Sie mit der Beetvorbereitung beginnen.
- Viele robuste Kräuter wie Kerbel, Kresse, Rukola, Dill und einheimische Heilkräuter wie Johanniskraut, säen Sie Mitte des Erstfrühlings (das ist meistens Anfang April) direkt ins Freiland.
- Arbeiten Sie gut verrotteten Kompost oder organischen Dünger in die Erde um Kräuter ein, die etwas nahrhafteren Boden lieben wie Estragon, Zitronenmelisse, Monarde, Schnittlauch.
- Viele frostempfindliche Pflanzen säen Sie in Schalen am Fensterbrett oder im Gewächshaus aus.
- Topfen Sie Zimmerkräuter wie Zitronengras oder Strauchbasilikum in frische Erde um.
- An einigermaßen warmen Tagen tragen Sie Kübel-Kräuter wie Lorbeer, Zitronenverbene oder Duftpelargonie aus dem Winterquartier an die frische Luft. Aber an einen schattigen Platz, damit die Blätter nicht in der Sonne verbrennen. Wenn Nachtfrost droht, müssen sie wieder ins Haus.
- Kaufen und pflanzen Sie robuste Kräuter.

April/Mai/Juni

VOLLFRÜHLING

Das Grün sprießt überall und die Vögel zwitschern um die Wette. Viel Zeit zum Genießen bleibt dem Gärtner allerdings nicht, in dieser Zeit des schnellen Wachstums gibt es viel zu tun:

- Wärmeliebende Kräuter wie Kapuzinerkresse oder Bohnenkraut säen Sie ins Freiland.
- Vorkultivierte und frostempfindliche Kräuter pflanzen Sie am Ende des Vollfrühlings, wenn der Holunder gerade das Blühen beginnt, ins Beet. Vorher stellen Sie die Schalen oder Töpfe täglich an die frische Luft in den Halbschatten, um die Pflanzen abzuhärten.
- Sammeln Sie morgens und abends Schnecken aus den Beeten oder streuen Sie biologisches Schneckenkorn um die Keimlinge.
- Jäten Sie regelmäßig Unkraut.
- Setzten Sie Kräuterjauchen und Kräutertees an.
- Die ersten Heilkräuter wie Schlehen-, Weißdornblüten und Wildkräuter wie Löwenzahn, Brennnessel, Giersch, Gänseblümchen sind erntereif.

Mai/Juni/Juli

FRÜHSOMMER

Wenn nicht gerade wieder die Schafskälte mit Dauerregen einen Strich durch die Rechnung macht, genießt man die ersten heißen Tage, denn die Sonne steht am 21. Juni am höchsten am Himmel. Jetzt beginnt die Kräuter-Sammel-Saison.

- Kräuter zum Trocknen wie Oregano, Bohnenkraut und viele andere ernten Sie am besten, wenn sich die ersten Blütenknospen gerade öffnen.
- War es mehrere Tage lang warm und sonnig, besitzen Heilkräuter hohe Gehalte an wirksamen Inhaltsstoffen. Ernten Sie Blüten von Johanniskraut, Frauenmantel, Taubnesseln u. a.
- Jäten Sie nach wie vor regelmäßig Unkraut und sammeln Sie Schnecken ab. Auch Kräuterjauchen setzen Sie regelmäßig an.
- Eine Mulchdecke aus frischem Rasenschnitt, Brennnessel- oder Beinwellblättern hält den Boden darunter feucht und locker und wirkt wie eine sanfte organische Düngung.
- Säen Sie zweijährige Kräuter wie Königskerzen, Malven, Färbewaid oder Nachtkerze im Frühbeet oder gleich an Ort und Stelle aus.
- Versorgen Sie Ihre Zimmerkräuter und Kübelpflanzen regelmäßig mit flüssigem Dünger.
- Achten Sie auf Schädlinge an empfindlichen Kräutern. Raupen, Lilienhähnchen und andere unerwünschte Mitfresser sammeln oder streifen Sie ab oder spritzen sie mit einem scharfen Wasserstrahl weg.
- Gegen Pilzkrankheiten setzen Sie regelmäßig vorbeugend Pflanzenstärkungsmittel ein.

Juni/Juli/August

HOCHSOMMER, SPÄTSOMMER

Der „Frauendreißiger", die Tage um Maria Himmelfahrt (15. August) sind von alters her die Sammeltage für Kräuter. Bringen die Hundstage im August dann noch trockene Hitze mit sich, freuen sich alle Kräuterhexen.

- Ernten Sie Blüten- und Blattkräuter an trockenen Tagen, morgens, nachdem der Morgentau gerade abgetrocknet ist.
- Samen von Dill, Kümmel, Schwarzkümmel und vielen anderen Kräutern sind reif. Man erntet sie nicht nur zu medizinischen und kulinarischen Zwecken, sondern als Saatgut für das kommende Jahr.
- Bei großer Hitze wässern Sie auch Kräuterspirale und Trockenmauer. Beregnen oder gießen Sie nur ein- oder zweimal in der Woche abends oder früh morgens, dafür aber lange und durchdringend, mit wenig Wasserdruck.
- Düngen Sie nur noch wenig oder gar nicht mehr.

August/September/Oktober

FRÜHHERBST

Nun geht das Gartenjahr seinem Ende entgegen. Langsam gilt es aufzuräumen und sich für den Winter vorzubereiten.

- Schneiden Sie Stecklinge von frostempfindlichen Kräutern. Diese lassen sich oft besser überwintern als ältere Pflanzen.
- Frieren Sie noch schnell Salatkräuter wie Schnittlauch, Dill und Petersilie für den Winter ein. Ist noch Basilikum übrig, bereiten Sie aus Blättern und Blüten Pesto.

September/Oktober

VOLLHERBST

Achtung, jetzt können wieder Nachtfröste auftreten:

- Decken Sie frostempfindliche Kräuter nachts mit alten Bettlaken, Gemüsevlies oder Folie ab.
- Schieben Sie die Kräuter in Kübeln an eine sonnige Hauswand, am besten unter einen schützenden Balkon oder Dachvorsprung.
- Wärmeliebende Zimmerkräuter wie Zitronengras, die im Sommer frische Luft tanken durften, müssen wieder ins Haus an eine sonnige, aber möglichst nicht zu warme Fensterbank gestellt werden.
- Die Wurzelernte von Baldrian, Meerrettich, Eibisch u. a. beginnt.
- Schneiden Sie die Kübelkräuter soweit zurück, dass sie sich gut transportieren und einräumen lassen und bringen Sie sie kurz vorm Spätherbst ins Winterquartier.

Oktober/November

SPÄTHERBST

Schade, das war's – mit bunten Kürbissen zu Halloween entbietet man der Natur einen letzten Gruß.

- Beenden Sie die Wurzelernte bis Halloween (31.10). Es ist das alte keltische Neujahrsfest. Die Kelten glaubten, die Geister der Verstorbenen zögen durch das Land und nähmen alles Lebendige, dessen sie habhaft werden können, mit ins Totenreich. Ab Ende Oktober wurde traditionell nichts mehr gesammelt oder geerntet.
- Räumen Sie den Garten auf, aber lassen Sie Staudenstängel bis zum Frühjahr stehen. Vögel finden noch so manchen nahrhaften Samen darin.
- Decken Sie kälteempfindliche Stauden, die im Beet bleiben, mit Reisig oder Laub ab.

November bis März

WINTER

Nun gilt es, sich um die Pflanzen im Haus zu kümmern, die lichtarme Zeit ist jedes Jahr wieder eine Herausforderung für sie:

- Kontrollieren Sie Kübelkräuter im Winterquartier auf Schädlinge und gießen Sie gelegentlich.
- Zimmerpflanzen freuen sich über eine sanfte zimmerwarme Dusche mit dem Blumensprüher, achten Sie auf Blattläuse, Rote Spinne und Schildläuse. Gießen sie vorsichtig, zu nasse Ballen führen zu Wurzelfäule.

Basilikum, Schnittlauch und Petersilie wachsen im Winter am Fenster.

VERWEND

VERARBEITUNG UND
UNG VON KRÄUTERN

GESCHICHTE DER KRÄUTER ALS HEIL- UND SCHÖNHEITSMITTEL

Die Geschichte der Heilkräuter ist so alt wie die Geschichte der Menschheit: Bereits die Jäger und Sammler der Steinzeit wussten, welche Pflanzen für sie besonders gut waren und nutzten sie dementsprechend. Regelrechte Schulen für Kräuterkunde gründeten dann vor etwa 5000 Jahren die alten Assyrer und Ägypter, Chaldäer und Chinesen. Auf Tontäfelchen und Keilschriften wurden die botanischen Kenntnisse festgehalten, über 700 Drogen sollen es auf einer der ersten Papyrusrollen gewesen sein! Noch eine andere Erkenntnis setzte sich in der ägyptischen Hochkultur durch: Gesundheit und Körperpflege stehen in engem Zusammenhang, Kosmetik ist Teil der Medizin – und zu deren Hauptbestandteilen gehörten damals schon die Gaben der Natur: Blüten und Blätter, Samen und Knospen, Rinden und Wurzeln.

Im antiken Rom und Griechenland entstanden neue Lehren und Legenden rund um Kräuter und ihre Kräfte: Kult mit Bädern, lukullische und aphrodisische Genüsse, Raum- und Körperschmuck, magische Rituale, Orakel mit Räucherungen – aber auch wissenschaftlich fundierte Studien z. B. von Hippokrates, später von Aristoteles und Theophrast.

Reisende Mönche brachten die Kunde schließlich zu uns – und im frühen Mittelalter begann der Orden der Benediktiner Pflanzen eigens zu Heilzwecken in seinen Klostergärten zu kultivieren. Eine Äbtissin war es dann auch, die im Deutschland des 12. Jahrhunderts das erste umfassende Werk der Naturheilkunde verfasste: Hildegard von Bingen. Mittlerweile gab es an die 2000 Pflanzenarzneien, die im christlichen Mittelalter bekannt waren!

WISSEN IM WANDEL DER ZEIT

Mit der Erfindung des Buchdrucks war es Naturheilern möglich, ihre Kenntnisse noch weiter zu verbreiten. Und so konnten sich die beiden großen Kräuterkundigen des 19. Jahrhunderts, Sebastian Kneipp und Pfarrer Künzle, auf ausreichendes Ausgangsmaterial stützen. Sie gewannen neue Erkenntnisse, fanden jedoch ebenso Altbewährtes und -bekanntes bestätigt – genau wie die Pharmazeuten und Botaniker, Heilpraktiker und Homöopathen, Wissenschaftler und Ärzte des 21. Jahrhunderts.

Heute erlebt vieles, was dem früheren Fortschrittsglauben durch die Anwendung chemischer Mittel zum Opfer fiel, eine Renaissance. Denn mit den Errungenschaften der Medizin kamen zwar ständig neue Medikamente auf den Mark, die bequem zu verabreichen waren und rasche Symptombekämpfung versprachen. Doch die Ursachenforschung bleibt dabei häufig auf der Strecke, der Flut von Zivilisationskrankheiten ist mit herkömmlichen Präparaten oft nicht mehr beizukommen, das Suchtpotenzial und die Gefahr von schädlichen Nebenwirkungen und allergischen Reaktionen groß. All das hat das Vertrauen vieler Verbraucher in die Schulmedizin erschüttert und zu einer Rückbesinnung auf die Heilkräfte der Natur bewogen.

Nutzen Sie diesen Reichtum – und holen Sie ihn frisch aus Ihrem Kräutergarten direkt auf den Tisch oder in die Hausapotheke: als Vitalküche – süß oder pikant, warm oder kalt, mit würzigen Kräuteressigen oder -ölen sowie feinen Blüten – geeist oder kandiert. Oder stellen Sie nach einfachen Rezepten Haus- oder Schönheitsmittel her – wohltuende Bäder für die Thalassotherapie zu Hause, heilende und pflegende Salben, Wässerchen und Tinkturen, duftende Kräuterkissen: Natur pur – Wellness für Körper, Geist und Sinne!

Wildwachsender Sauerampfer (*Rumex acetosa*).

Wildkräuter

Im Mittelalter waren in Wein gedünstete Gänseblümchen ein geschätzter Gaumenschmaus, im alten Rom kandierte Veilchen. Honig aus Löwenzahn war ein bekanntes und beliebtes Naschwerk in den Zeiten vor Schokoriegel, Gummibärchen und Co. – Wildkräuter können also in der Küche auf eine lange Tradition zurückschauen. Heute werden sie von der neuen Wellness-Cuisine wiederentdeckt: Der reine, unverfälschte Geschmack gilt als Geheimtipp unter Connaisseuren. Und sie sind Powerpakete: Sie können teilweise bis zu 100-mal mehr an Inhaltsstoffen verbuchen als die moderne Massenware aus industriellem Anbau! Gerade im Frühjahr empfehlen Experten deshalb eine Kur mit viel Wildgemüse und -früchten, um die Wintermüdigkeit wirksam zu vertreiben.

Gegenanzeigen und Gebrauchshinweise

- Schwere oder chronische Krankheiten gehören unter ärztliche Aufsicht! Als Begleittherapie können Kräuter aber durchaus angezeigt sein.
- Kräuter nur nach Absprache mit dem Arzt gleichzeitig mit anderen Medikamenten anwenden.
- Schwangere, Säuglinge und Kleinkinder nur dann mit Kräutern therapieren, wenn sicher gestellt ist, dass sie erlaubt sind!
- Allergien auf Kräuter sind zwar selten, aber möglich. Beim ersten Auftreten von Symptomen sofort absetzen! Allergieauslösend sind z. B. Anis, Beifuß, Gänseblümchen, Fenchel, Kamille, Pfefferminze, Ringelblume, Schafgarbe und Wermut.
- Kräuter entfalten ihre Wirkung oft nicht so unmittelbar wie chemische Präparate, geben Sie jeder Behandlung daher dementsprechend Zeit.
- Wenn in den einzelnen Kräuterportraits nicht anders angegeben, werden für die Heilauszüge Kräuter bzw. Samen oder Wurzeln getrocknet verwendet.

Wilde Kamille (*Chamomilla suaveolens*).

TIPP "Dosis facit venenum" – die Menge macht das Gift, das wusste man bereits im alten Rom. Das bedeutet: Geben Sie Ihrem Körper Zeit, sich an die neue Kost zu gewöhnen. Ideal ist, mäßig, aber regelmäßig unterschiedliche Wildkräuter in Ihren Speiseplan zu integrieren, kontraproduktiv ist es dagegen, plötzlich und einmalig große Mengen derselben Art zu sich zu nehmen!

Vorbereitung und Arbeitsausstattung

Die Grundausstattung an Arbeitsgerät für die Konservierung von Kräutern und die Herstellung von Heil- und Schönheitsmitteln ist unaufwändig, das meiste davon haben Sie sicher bereits im Haushalt. Bevor Sie beginnen, einige Grundregeln:

- Sauberkeit ist das A und O bei der Produktion von Medizin und Kosmetika am heimischen Herd. Waschen Sie also Ihre Hände stets gründlich. Sterilisieren Sie alle Utensilien etwa 10 Minuten in kochendem Wasser – am besten ohne Verwendung von Spülmitteln –, oder reinigen Sie sie mit hochprozentigem Alkohol; Tücher im Kochwaschgang. Hygienischer ist es außerdem, wenn man sein Handwerkszeug ausschließlich für den jeweiligen Zweck, z. B. für Heilöle oder Hautcreme benutzt, denn unsichtbare Speisereste oder Sporen können die Haltbarkeitszeit erheblich verkürzen.
- Selbst gemachte Medizin und Kosmetik ist frei von chemischen Konservierungsstoffen – das macht sie einerseits besonders wertvoll, anderseits aber auch besonders anfällig für Keime und Bakterien. Daher: Möglichst schnell aufbrauchen und Reste stets im Kühlschrank aufbewahren.

Extrazutaten von A bis Z

Was man an speziellen Zutaten für die Herstellung von Kräutermedizin und Naturkosmetik sonst noch braucht gibt es in Apotheken, Naturkostläden, Reformhäusern und Fachgeschäften, z. B. mit Hobbythek- oder Spinnrad-Sortiment. Grundsätzlich gilt: Je frischer die Zutaten, desto besser das Produkt. Dabei bitte beachten, dass Sie frische Ware, die ranzig werden kann, nur in der Menge kaufen sollten, die Sie für ein Rezept benötigen. Bis zur Verarbeitung kühl lagern, am besten im Kühlschrank.

- **Alkohol:** Ideales Lösungsmittel für flüchtige ätherische Öle und Düfte. Am besten ist reiner gereinigter Alkohol, den man mit Wasser verdünnen kann; für Tinkturen verwendet man meist 70-%igen Alkohol. Wirkt antiseptisch, entfettend und tonisierend.
- **Bienenwachs:** Sie können beides verwenden, z. B. in kleiner Menge für Salben und Pasten: gebleichtes weißes und natürliches gelbes Wachs, Letzteres emulgiert und konserviert besser.
- **Destilliertes Wasser:** Für Kosmetik kommt nur destilliertes Wasser in Frage. Um es hundertprozentig keimfrei zu machen, sollte es zusätzlich abgekocht werden.
- **Hafermehl:** Verfügt über einen hohen Anteil an Fetten und Vitaminen. Gibt Masken eine cremeartige Konsistenz und wirkt glättend auf die Haut.
- **Hamameliswasser:** Der Auszug aus der Zaubernuss eignet sich als Mix für Gesichts- und Haarwässer. Er wirkt entzündungshemmend, zusammenziehend und stärkend auf die Haut.
- **Lanolin/Lanolin Anhydrid:** Wird aus dem Fett von Schafwolle gewonnen und ist eine optimale Basis für Salben. Spendet Feuchtigkeit und macht die Haut weich. Auf rückstandsfreie Qualität achten!
- **Lezithin:** Ein natürlicher Emulgator, z. B. für Reinigungsmilch und Badeöl. In Verbindung mit wässrigen Anteilen verdirbt es leicht und sollte daher bald aufgebraucht werden (3 bis 5 Tage) – mit öligen Zutaten hält es länger.
- **Rosenwasser:** Für milde Mischungen als Gesichtswasser oder Bodysplash. Sehr hautverträglich!
- **Vaseline:** Ein Erdölprodukt; für Kosmetik ungeeignet, da es die Haut abdichtet, für medizinische Salben ideal, da es eine indifferente Grundlage für die jeweilige Heilstoffe der unterschiedlichen Kräuter darstellt.

Utensilien für die Herstellung

- Kochtopf möglichst aus Edelstahl – nie aus Aluminium.
- Hitzebeständige Einsätze, die in den Topf passen. Geeignet sind Glas- oder Porzellanschüsseln für das Wasserbad; Gefäße aus Metall sind nicht geeignet, da es mit bestimmten Zusätzen unerwünschte chemische Verbindungen eingehen kann.
- Messbecher oder Briefwaage bzw. Baby-Milchfläschchen für kleine Mengen.
- Mörser und Stößel oder Schüssel und Löffel zum Zerkleinern und Zerreiben.
- Elektrischer Handrührmixer zum optimalen Vermischen.
- Kunststoff-Teigschaber oder -spatel zum Rühren und Abfüllen von Cremes und Salben.
- Reibeisen, z. B. zum Reiben von Bienenwachs.
- Trichter plus Leinen- oder Baumwolltuch (z. B. Taschentuch), Gaze- oder Mullverband, Zellstoff; oder Kaffee- und Teefilter plus Filterpapier zum sachgemäßen Abseihen und für Auflagen.
- Flaschen oder Gläser in hellem und braunem Glas mit weiter Öffnung und Schraubdeckel (z. B. Marmeladengläser) zum Ansetzen von Auszügen.
- Evtl. ein Küchenthermometer

Utensilien für die Aufbewahrung

- Gut verschließbare und lichtundurchlässige Gefäße, z. B. Braungläser oder Blech- bzw. Teedosen für die getrockneten Kräuter, damit Aroma und Heilstoffe erhalten bleiben.
- Leicht zu reinigende, gut verschließbare und dunkel getönte Glas- oder Porzellangefäße, z. B. für Öle und Salben. Die Anschaffung schöner Döschen oder Flaschen lohnt sich, wenn Sie öfter Medizin oder Kosmetik herstellen – oder auch zum Verschenken.
- Etiketten, auf denen neben dem jeweiligen Kraut oder Produkt auch das Herstellungsdatum vermerkt wird. Denn: Getrocknete Kräuter verlieren nach etwa einem Jahr Würz- und Heilkraft, und die Haltbarkeit selbst gemachter Heil- und Schönheitsmittel ist begrenzt.

DIE TROCKENMETHODEN

Langstielige Kräuter werden in der Regel im Ganzen getrocknet, meist vor der Blüte. Abgeschnitten wird entweder eine Handbreit über dem Boden oder nur der obere Teil. Die Pflanze von Insekten freischütteln, locker zu Sträußen binden und mit dem Kopf nach unten an einem luftigen, trockenem und schattigem Platz aufhängen.

Der Trockenvorgang dauert unterschiedlich lang. So testen Sie, ob er abgeschlossen ist: Nehmen Sie ein Blatt und zerdrücken es zwischen den Fingern. Wenn es sich leicht zerkrümeln lässt, sind die Kräuter fertig. Nun können Sie Triebe in kleinere Stücke schneiden oder Blätter von den Stielen streifen, dabei aber nicht zu sehr zu zerbröseln, um das Aroma zu erhalten.

LUFTTROCKNEN VON BLÜTEN UND BLÄTTERN

Methode 1

Blüten können Sie wie das ganze Kraut trocknen. Dabei werden die Dolden in Gaze oder Tücher eingebunden, damit die Blüten nicht zu Boden fallen. Wenn sie trocken sind, können Sie sie so ganz leicht in diesem Beutel ernten. Oft sollten die Blüten noch nachtrocknen – wie bei der folgenden Methode beschrieben.

Methode 2

Die zweite Art des Trocknens von Blüten, aber auch Knospen, Blütenblättern und Blättern, ist, sie separat zu pflücken. Dann werden sie locker und luftig ausgebreitet – auf Back- oder Butterbrotpapier, einem Tuch aus Naturfasern, auf einem Rost oder Gitter, einer Hürde oder Obstkistchen. Das Pflanzgut sollte nicht aufeinander liegen! Auch kurzstielige Kräuter oder kleine Triebe werden auf diese Weise getrocknet.

Lufttrocknen von Samen

Ernten Sie die Dolden erst, wenn sie sich bräunlich verfärben. Schneiden Sie entweder nur die Fruchtstände oder das ganze Kraut ab. Die Trockenmethode ist wie bei den ganzen Kräutern, zum Auffangen der Samen werden jedoch Tücher, Pergament- oder Küchenpapier unter die Sträuße gelegt. Letzte Samenreste können Sie von Hand aus den Dolden klopfen. Oft benötigen die Früchte noch etwa eine Woche zum Nachtrocknen – locker ausgebreitet wie Blüten und Blätter.

Die andere Möglichkeit ist, die Samenstände noch an der Pflanze während der Reifezeit locker mit Gaze einzubinden. Die reifen Samen werden dann in dem Säckchen aufgefangen und wie Blüten und Blätter getrocknet.

Blühender Kümmel (*Carum carvi*)

Fruchtstand

Die Ernte von Samen bzw. Früchten ist eine heikle Sache, denn Sie müssen sie erwischen, bevor sie ausgereift sind, sonst fallen sie aus.

Kümmelsamen

Basics für die Trocknung

- Getrocknete Kräuter sind die Grundlage für den Großteil der Rezepte in Küche, Kosmetik und Hausapotheke. Verwenden Sie deshalb besondere Sorgfalt auf das sachgemäße Trocknen, denn das entscheidet mit über die Qualität. So kann eine Pflanze bei falscher Trocknung, z. B. in der Sonne, bis zu 24 Prozent ihrer ätherischen Öle verlieren!
- Kräuter zum Trocknen sollten Sie am frühen Vormittag bei klarem Wetter ernten, sobald der Morgentau verschwunden ist. Feuchte oder nasse Pflanzen eignen sich nicht zur Lagerung, da sie schimmeln können!
- Geerntet wird nur gesundes Pflanzgut, Wurzeln stets von erwachsenen, kräftigen Exemplaren, und nur so viel, dass das Kraut nicht geschädigt wird.
- Der Trockenraum sollte dunkel, gut belüftet, warm, aber nicht zu heiß sein. Vermeiden Sie direktes Sonnenlicht und hohe Luftfeuchtigkeit – denn die kann den Trockenprozess verzögern und die Gefahr der Schimmelbildung steigt.
- Erhöht den „Wiedererkennungswert", besonders für Anfänger: Etiketten mit dem jeweiligen Pflanznamen an den aufgehängten Kräuterbündeln oder dort befestigen, wo sie die jeweiligen Blüten-, Blätter- oder Wurzelsorte zum Trocknen ausgebreitet haben.
- Fertiges Pflanzgut sofort nach dem Trockenvorgang luftdicht verschließen, damit es keine Möglichkeit hat, neue Feuchtigkeit aus der Luft zu ziehen. Kräuter für die Hausapotheke bleiben dabei unzerkleinert, für die Küche werden sie zerbröselt, Wurzeln zerstoßen. Kühl, trocken und dunkel lagern.

Die einfachste Konservierungsmethode: Trocknen in Sträußen.

Lufttrocknen von Wurzeln

Heilkräftige Wurzeln ausgraben, unter fließendem Wasser sauber bürsten, trocken reiben, kleine Wurzelhaare auskämmen und schadhafte Stellen entfernen. Kleine Wurzeln werden im Ganzen, große der Länge nach geteilt getrocknet. Die Trocknung ist abgeschlossen, wenn die Wurzeln sich leicht brechen lassen.

Sie können die Wurzeln mit einer kräftigen Nadel wie auf einer Kette auffädeln – mit ausreichenden Zwischenabständen – und aufhängen. Dann vom Faden streifen, zerkleinern und eventuell nachtrocknen wie Blüten und Blätter.

Sie können mit den Wurzeln auch sofort nach der Ernte wie bei der Methode der Blüten und Blättertrocknung verfahren.

Wurzel des Meerrettichs

Trocknung im Backofen

Trocknen im Backofen – ideal, wenn Sie über keinen geeigneten Trockenraum verfügen oder wenn es schnell gehen soll. Besonders geeignet sind fleischige Blätter, Samen und Wurzeln. Diese auf einem Kuchenblech – am besten auf Backpapier – locker ausbreiten und bei 30 bis 40 °C bei leicht geöffneter Backofentür trocknen. Wenn die Kräuter sofort intensiv duften, sollten Sie die Temperatur reduzieren, sonst könnten sich die wertvollen ätherischen Öle verflüchtigen. Wenden Sie die Kräuter immer wieder, bis sie trocken sind. Die Trocknungszeit dauert etwa 3 bis 6 Stunden.

KONSERVIERUNGSMETHODEN FÜR DIE KÜCHE

Manche Kräuter wie Kresse, Portulak oder auch Barbarakraut eignen sich nicht zur Konservierung und sollten daher stets frisch verzehrt werden. Die meisten lassen sich aber haltbar machen. Je nach Wahl der Konservierungsmethode bleiben das Aroma und die wertvollen Inhaltsstoffe erhalten. In Öl konservierte Kräuter wurden als Pesto sogar zum Klassiker in der Küche.

EINFRIEREN

Für Gesundheits- oder Schönheitsrezepte nicht geeignet, für die Küche jedoch ideal: das Einfrieren – entweder einzelner Kräuter oder als Zusammenstellung Ihrer persönlichen Lieblingsmischung.

Sie können frische Kräuter im Ganzen oder zerkleinert ausbreiten und im Gefrierfach kurz anfrieren, dann in einen Gefrierbeutel oder eine -dose gleiten lassen. Luftdicht verschließen und einfrieren.

Eine andere Methode ist es, Kräuter in Eiswürfelschalen einzufrieren, so können Sie gebrauchsfertige Portionen „vorproduzieren“ – und später einfach mit einem Eiswürfel im Kochtopf Gerichten die gewünschte Würze verleihen. Frische Kräuter fein gehackt in das jeweilige Gefriergefäß schichten, mit Wasser auffüllen und einfrieren.

Geeiste Blüten

Eine besondere Variante sind einzelne frische Blüten in Eiswürfelschalen eingefroren. Der Trick: statt Leitungs- Mineralwasser benutzen, das bleibt schön klar. Die geeisten Blüten sind zauberhafte Zierde und feines Aroma zugleich – z. B. Veilchen in leichten Longdrinks, Waldmeister in der Frühlingsbowle, die Blütensterne von Borretsch mit ihrer frischen Gurkennote in Sommer-Coolern.

EINSALZEN

Eingesalzene Kräuter halten kühl und trocken aufbewahrt mehrere Wochen. Man rechnet etwa 250 g frische Kräuter auf 50 g Salz. Zerkleinertes Pflanzgut und Salz werden dabei in einem luftdichten Schraubglas übereinander geschichtet: zunächst eine dicke Lage Salz, dann eine Lage Kräuter, darauf wieder eine dünne Lage Salz und Kräuter im Wechsel, bis Sie mit einer dicken Lage Salz abschließen. Drücken Sie die Masse zusammen, und verschließen Sie das Glas gut. Die Kräuter sind frische Würze für Suppen und Saucen, das übrig gebliebene Salz können Sie wie Kräutersalz verwenden.

AROMAZUCKER

Zucker können Sie ganz einfach aromatisieren, indem Sie pulverisierte Blüten unter den Zucker mischen – man rechnet 250 g Zucker auf 25 g getrocknetes Pflanzgut. Zarten Duft entfalten z. B. Veilchen oder Lavendel.

TIPP Ein Mix aus Kräutern und Meersalz ergibt auch einen prickelnden Badezusatz. Für ein Vollbad benötigen Sie etwa 100 g Badesalz. Im heißen Wasserstrahl löst es sich rasch und entfaltet seine wohltuende Wirkung. Es regt die Durchblutung der Haut an und erfrischt, die Kräuter heilen und pflegen nebenbei.

KRÄUTERSALZ

Ebenso wie beim Aromazucker verfährt man mit Salz: 25 g getrocknete Kräuter einer oder mehrerer Sorten fein mahlen und mit 250 g Salz – am besten Meersalz – mischen.

Kräuterbutter

- 50 bis 100 g frische Kräuter
- 250 g Butter

Zubereitung

Kräuterbutter ist eine besonders schmackhafte Art der Konservierung. Sie konnen sie auf zwei Arten herstellen. Vorbereitung ist lediglich das Zerkleinern der Kräuter.

Methode 1: Rühren Sie die weiche Butter schaumig und mischen die Kräuter unter. Sie können auch etwas Zitronensaft zugeben. Zum Schluss salzen und pfeffern oder mit anderen Gewürzen nach Wunsch abschmecken.

Methode 2: Erhitzen Sie die Butter auf dem Herd, fügen die Kräuter zu und lassen sie so lange darin ziehen, bis die Butter das Aroma übernommen hat – sie darf dabei jedoch nicht braun werden. In eine feuerfeste Form geben und erkalten lassen, oder in Eiswürfelformen gießen und dann einfrieren.

Verwendung

Im Schraubdeckelglas ist Kräuterbutter im Kühlschrank 2 bis 3 Wochen haltbar, in der Gefrierdose im Tiefkühlfach 2 bis 3 Monate. Eingefrorene Kräuterbutterwürfel eignen sich optimal als würziges Bratfett. Ansonsten schmeckt Kräuterbutter zu Gegrilltem und Gebratenem – oder ganz einfach aufs Brot zu Salaten und Suppen.

Pesto

- 50 bis 100 g frische Kräuter
- 5 Knoblauchzehen
- 50 g Pinienkerne
- 50 g Parmesankäse am Stück
- 250 ml Liter Olivenöl
- nach Wunsch ein Spritzer Zitronensaft

Zubereitung

Kräuter zerkleinern, Knoblauch zerdrükken, Parmesan fein zerbröseln. Zusammen mit den restlichen Zutaten in einen Mixer geben und pürieren. In luftdichtem sterilem Glas gut verschließen.

Verwendung

Der Klassiker der italienische Küche zu Pasta oder Gnocchi ist Pesto mit Basilikum, in der modernen Wildküche der Spitzenreiter: Bärlauchpesto. Auch andere Sorten passen als Würze, z. B. Beifuß, Knoblauchsrauke, Thymian und Oregano. Angebrochene Gläschen im Kühlschrank aufbewahren und rasch aufbrauchen.

TIPP Butter mit niedrigem Molke- und Wassergehalt, z. B. Sauerrahm-Butter, bindet den Geschmack der Kräuter extra gut! Und: Eine Butter aus Kräutern und Knoblauch – die besonders pikante Verbindung!

Einlegen in Essig und Öl

Nicht vergessen: Vor der jeweiligen Weiterverarbeitung zur Konservierung – z. B. als Kräuterbutter, -essig oder -öl – das frische Pflanzgut stets gründlich reinigen und so trocken wie möglich tupfen!

Kräuter geben ihre Wirkstoffe und ihren Duft gerne an Essig oder Öl ab. Für Würzzwecke können Sie sich auf diese Weise leicht ein Sortiment aus verschiedenen Ölen herstellen, besonders Thymian, Rosmarin und Basilikum verleihen einfachem Speiseöl die besondere Note.

Aber auch als Schönheitsmittel werden Kräuteröle seit Tausenden von Jahren verwendet. Selbst hergestellte Ölauszüge zur Pflege der Haut sind ideal für all diejenigen, die auf chemische Zusätze in handelsüblichen Kosmetika verzichten wollen.

Kräuteressig

- 50 bis 100 g Kräuter (frisch) und/oder 2 EL Samen
- 500 ml Essig

Zubereitung

Kräuteressig wird wie der Ölauszug (siehe rechts) hergestellt. Die Kräuter in ein Glasgefäß füllen, ganz mit Essig übergießen und etwa 4 Wochen ziehen lassen. Kühl und dunkel aufbewahrt hält der fertige Essig bis zu 2 Jahre.

Verwendung

Speiseessig:
Für die meisten Kräutersorten eignet sich Weißweinessig, denn er hat keinen ausgeprägten Eigengeschmack, auch feine Aromen können sich so entfalten. Rotweinessig passt nur zu kräftig duftenden Pflanzen wie Lorbeer oder Liebstöckel, Dill oder Fenchel, Thymian oder Rosmarin. Mischen Sie den Speiseessig in Vinaigrettes etc. mit neutralem Öl. So werden auch zarte Kräuternoten nicht vom Öl überdeckt.

Heil- und Schönheitsmittel:
Obstessig, z. B. Apfelessig, in Bioqualität ist hier die ideale Basis. Verdünnt wird der Kräuteressig als Haarspülung oder als kühlender und durchblutungsfördernder Bodysplash verwendet.

Öle – Gesundheit und Schönheit

Der Ölauszug bildet die Grundlage für viele Rezepte in Hausapotheke, Küche und Kosmetik. Garant für beste Qualität: hochwertige, native (kalt gepresste) und biologische Basisöle (Special s. S. 50/51)!

Für die Herstellung medizinischer Öle eignet sich ein neutrales Basisöl – oder Sie stimmen Heilabsicht und Eigenschaft des jeweiligen Öls gezielt aufeinander ab.

Öle für die Schönheit können Sie auch mischen: Suchen Sie je nach Pflegeeigenschaft und Verwendungszweck eines der Basisöle aus, und stellen Sie Ihre ganz persönliche Lieblingsmischung zusammen. Das Öl oder der Ölmix wird dann mit den gewünschten Blüten und Blättern zu duftenden Bade-, Gesichts- oder Kräuterölen verarbeitet. Das einfache Grundrezept macht sie zu einer praktischen Alternative zu Cremes. Denn deren Herstellung am heimischen Herd kann aufwändig und kompliziert sein – und ist leider oft auch ohne synthetische Zusatzstoffe gar nicht möglich. Kräuteröle dagegen sind Natur pur – chemiefreie Schönheitsmittel aus Ihrem Garten!

Gesichtsöle

Gesichtsöle haben naturgemäß eine etwas reichhaltigere Konsistenz als Cremes und werden daher hauchdünn aufgetragen. Nach einer kurzen Einwirkzeit von 5 bis 10 Minuten können Sie eventuell überschüssige Reste mit einem Wattebausch abtupfen. Wem das Öl tagsüber zu reichhaltig ist, der kann es auf jeden Fall zur Nachtpflege verwenden.

Körperöle

Körperöle sind ein Kombipaket aus den Wirkstoffen von wertvollen Ölen und pflegenden und heilenden Kräutern. Sie wirken besonders intensiv nach dem Bad, denn auf der warmen und feuchten Haut können sich die Inhaltsstoffe der Pflanzen maximal entfalten. Auch für Massagen sind Körperöle ideal geeignet.

Der Ölauszug

- 50 bis 100 g Kräuter
  (frisch, in der Regel für Hausapotheke und Küche)
  25 bis 50 g Kräuter
  (getrocknet, in der Regel für Kosmetik), oder
  1 bis 2 EL Wurzeln oder Samen
- 500 ml Öl

Zubereitung

Für Heil- oder Schönheitsmittel die Kräuter, Samen oder Wurzeln zerkleinern – für die Verwendung in der Küche können Sie ganze Zweige oder Triebe verarbeiten. In einem gut verschließbaren Glasgefäß bis knapp unter den Rand mit dem Öl übergießen. Für Speiseöle sind Flaschen ideal, ansonsten Schraubgläser mit weitem Hals verwenden. Wichtig ist, dass die Kräuter ganz bedeckt sind, am besten sollte ein Fingerbreit mehr Öl darüber sein. Pflanzenteile, die herausragen, schimmeln leicht. Wichtig ist außerdem, dass das Gefäß insgesamt möglichst gefüllt ist, denn je weniger Sauerstoff, desto geringer die Gefahr des Ranzig werdens. Trotzdem sollte in dem Gefäß noch genug Platz sein, so dass sich die Kräuter gut mischen können. Die Öffnung mit Pergamentpapier, Tuch oder Folie bedecken, den Deckel fest zuschrauben und an einem warmen, meist hellen Ort etwa vier Wochen stehen lassen. Währenddessen immer wieder kräftig schütteln oder umrühren, das unterstützt den Extraktionsprozess. Das fertige Öl sollte dann luftdicht verschlossen, kühl und dunkel in sterilen Gefäßen gelagert werden. In Würzölen können die dekorativen Zweige im Gefäß bleiben, Heil- und Kosmetiköle werden abgeseiht. Und zwar durch ein Tuch oder einen Papierfilter (z. B. Kaffee- oder Teefilter), die sie in einen Trichter legen. Stets den Rückstand auspressen! So erhalten Sie ein Maximum an Wirkstoffen. Achten Sie darauf, dass keine Pflanzenpartikel im Öl verbleiben, gegebenenfalls nochmals nachfiltern.

Verwendung

Native Kräuteröle – die Krönung für die kalte Küche: Sie liefern ein feines Bukett für Vinaigrettes und Marinaden, die pikante Würze zum Träufeln auf Antipasti und Tapas, Bruschette und Baguettes, Crostini und Co. Speiseöle können Sie bis zu drei Monate aufbewahren; wurden bei einem Kosmetiköl ausnahmsweise Frischpflanzen verwendet, sollten Sie es dagegen innerhalb eines Monats aufbrauchen.

KLEINES LEXIKON DER BASISÖLE

Aprikosenkernöl

Hochwertiges Kosmetiköl für trockene und empfindliche Haut. Es wird jedoch relativ leicht ranzig!

Avocadoöl

Reichhaltiges Körper- und Gesichtspflegeprodukt. Es lässt sich besonders einfach verteilen und beruhigt und glättet und ist der Geheimtipp für die reife Haut.

Erdnussöl

Reich an ungesättigten Fettsäuren, verleiht asiatischen Gerichten, z. B. im Wok, ihre besondere Note. Sehr beliebt in der Kosmetik, da es schnell einzieht, einen leichten Lichtschutzfaktor enthält, lange haltbar ist und sogar bei Problemhaut hilft.

Jojobaöl

Chemisch gesehen kein Öl, sondern flüssiges Wachs. Bei niedrigen Temperaturen wird es fest, bei hohen verflüssigt es sich rasch wieder. Es zieht schnell ein, hinterlässt keinen Fettfilm – eine hochwertige Gesichts- und Körperpflege für trockene, empfindliche Haut. Plus: Enthält einen leichten UV-Filter!

Algenöl

Kann gut in Körperöle eingearbeitet werden. Es fördert die Durchblutung und macht die Haut geschmeidig. Und: Es ist die Geheimwaffe gegen Cellulitis!

Distelöl

Nussiger Geschmack und eine Extraportion Linolsäure und Vitamin E in der Küche. In der Heil- und Schönheitspflege passt es hervorragend als Badeöl. Es ist leicht und eignet sich vor allem für Misch- und fettige Haut.

Hanföl

Eine ausgezeichnete Basis für Massageöle. Aufgrund seiner besonders sanften Pflegeeigenschaften ist es auch bei Irritationen der Problemhaut, sogar Neurodermitis, angezeigt.

Macadamianussöl

Hochwertiges Kosmetikprodukt für trockene, schuppige und sensible Haut, es soll sogar Neurodermitis und Schuppenflechte lindern. Außerdem bildet es eine optimale Basis für Massage(heil)öl.

Olivenöl

Der Klassiker für Küche, Kosmetik und Hausapotheke. Gourmets wählen das Öl nach den verschiedenen Qualitätsstufen – extra, fein, mittelfein – wie Wein aus; zum Erhitzen genügt jedoch die preiswertere Variante. Es eignet sich besonders als neutrale Grundlage für Heilauszüge und zur Körperpflege trockener Haut. Extra: Olivenöl wirkt als leichter UV-Filter.

Sojaöl

Als Vitamin-A- und Lezithin-Lieferant der Spitzenreiter unter den Speiseölen! Für Kosmetik und Hausapotheke vielseitig verwendbar als Bade- oder Körperöl für trockene Haut.

Traubenkernöl

Ernährungsphysiologisch ein wichtiger Schutz gegen freie Radikale, in der Hautpflege optimal als Körper- und Massageöl. Es ist dünnflüssig, leicht und speziell für Misch- und fettige Haut geeignet.

Mandelöl

Beliebtes und bewährtes Schönheitsöl – speziell für die Gesichtspflege. Es wirkt reizmildernd und beruhigend bei trockenem und reifem Teint, wird jedoch von anderen Hauttypen ebenso gut vertragen.

Sesamöl

Verleiht kalten und warmen Speisen fernöstlich-exotische Würze – und liefert nebenbei viel Kalzium und Eisen! In der Kosmetik ist es Grundlage für Körper- und Badeöle gleichermaßen. Es gilt als äußerst hautverträglich, enthält einen Lichtschutzfaktor und ist lange haltbar.

Sonnenblumenöl

Multifunktionell und preiswert. Als Würze in der Küche mit hohem Gehalt an Linolsäure und Vitamin E, als neutrales Basisöl zur Heilung und Pflege für den gesamten Körper, z. B. in Reinigungsmilch oder Bädern.

Weizenkeimöl

Das Öl der Superlative! Höchster Vitamin-E-Gehalt aller Lebensmittel, dazu noch Vitamin A, D und Lezithin – die Zellschutzgarantie. Daher auch das Intensivprogramm in der Gesichtspflege, sogar für die sehr trockene, spröde und empfindliche Haut.

SÜFFIGES UND SÜßES FÜR KÜCHE UND GESUNDHEIT

Allgemein verbindet man Kräuter mit herzhaften Gerichten, aber sie eignen sich genauso gut zum Verfeinern von Süßspeisen oder Likören.

Und wer sagt denn, dass Medizin immer bitter schmecken muss. Honigauszüge gelten als Hausmittel bei Erkältungskrankheiten. Auch Auszüge mit Zuckerlösung, also verschiedene Arten von Sirup, haben ihren festen Platz in der Volksmedizin.

Kräuterbowle

- 1 Bund frischer Kräuter
- 2 Flaschen Weißwein
- 1 Flasche Sekt

Zubereitung

In einem großen Glasgefäß Kräuter mit Wein übergießen und einige Stunden ziehen lassen. Sieben Sie den Ansatz ab, und geben Sie ihn mit Eiswürfeln in ein Bowleglas. Zum Schluss mit dem Sekt aufgießen.

Verwendung

Frühlings- oder Sommerbowlen – ein prickelnder Genuss, der wieder im Kommen ist. Schöne Deko im Glas sind frische oder geeiste Blüten (s. S. 46), z. B. Veilchen oder Borretsch. Sie können auch Früchte zugeben und darin ziehen lassen. Oder den Sekt durch Mineralwasser ersetzen, dass macht die Bowle besonders leicht. Und wer es süß mag: Die Kräuter als Erstes mit etwa 6 EL Zucker bestreuen und dann wie oben weiterverfahren.

TIPP Der typische Maitrank besteht aus einem Sträußchen Waldmeister (s. dazu auch S. 150) und einigen Erdbeer-, Johannisbeer- und Pfefferminzblättern. Die Kräuter werden mit dem Saft von zwei Zitronen beträufelt und dann erst mit dem Wein und später dem Sekt übergossen.

Kräuterlikör

- 100 bis 200 g frische Kräuter oder 250 g entstielte Beeren
- 750 ml Kornschnaps oder Wodka
- 150 g Zucker (z. B. Kandis)

Zubereitung

Kräuter:
Aus Kräutern und Alkohol nach dem Grundrezept eine Tinktur (s. S. 54) herstellen und nach 3 Wochen abseihen. Zucker mit wenig Wasser zu einer sirupartigen Masse aufkochen, gut mit der Tinktur mischen und abfüllen.

Beeren:
Beeren in wenig Wasser zunächst kurz aufkochen. Mit dem Zucker und dem Alkohol übergießen und nach dem Grundrezept eine Tinktur (s. S. 54) ansetzen. Nach 6 Wochen kann der feine Likör abgefiltert werden.

Verwendung

Meist wird Likör mit Blüten oder Beeren hergestellt – das verleiht Drinks und Desserts entweder ein mildes Aroma oder fruchtigen Geschmack.

Kräuterhonig

- 75 bis 100 g frische Kräuter oder 50 g getrocknete Kräuter oder 1 bis 2 EL getrockneter Samen
- 500 ml Honig

Zubereitung

Honig kann entweder direkt mit den frischen Kräutern oder mit einem Auszug zubereitet werden:

Methode 1:
Kräuter bzw. Samen zerkleinern und in einen Topf geben. Den Honig darüber gießen und im Wasserbad verflüssigen (bei 40 bis 60 °C). Ein nochmaliges Erwärmen des Honigs nach etwa einer Woche intensiviert die Extraktion!

Methode 2:
Einen Tee oder eine Abkochung nach dem Grundrezept (s. S. 54) herstellen. Verwenden Sie die doppelte Kräutermenge wie oben beschrieben und 500 ml Wasser. Den Auszug einen Tag stehen lassen und mit dem geschmolzenen Honig mischen.

Verwendung

Den Honig in sterile, gut verschließbare Gläser absieben. Zur Verwendung in der Küche können schöne Zweige auch zur Dekoration im Glas bleiben. Der Honig ist bei Zimmertemperatur aufbewahrt nahezu unbegrenzt haltbar und verleiht heißen und kalten Getränken sowie Desserts eine besondere Note. Als Naturmedizin hat er sich pur oder als gesunde Süße von Tee bei verschiedenen Beschwerden bewährt – besonders in der Kinderheilkunde. In der Regel nimmt man am ersten Tag der Beschwerden alle 2 Stunden, später alle 4 Stunden, 1 TL davon ein. Für Kleinkinder gilt die halbe Dosis.

Kräutersirup

- 100 g frische Kräuter
- 1 unbehandelte Zitrone
- 500 g Zucker
- 500 ml Wasser

Zubereitung

Kräutersirup können Sie nach zwei Grundrezepten herstellen. Für beide gilt: die Kräuter waschen, ganz trocken tupfen und falls nötig zerkleinern.

Methode 1:
Kräuter mit dem Wasser aufkochen und bei schwacher Hitze 30 Minuten leicht sieden lassen. Zitrone auspressen, den Aufguss filtern. Saft und Sud mit dem Zucker unter Rühren eindicken, bis die Mischung eine sirupartige Konsistenz annimmt. Einen Tag in einem Glasgefäß abgedeckt ziehen lassen.

Methode 2:
Zitrone in Scheiben schneiden, Zucker zugeben und zusammen in dem Wasser aufkochen, bis sich der Zucker gelöst hat. Kräuter in ein feuerfestes Gefäß geben und mit der Mischung übergießen. Abgedeckt 1 bis 2 Tage an einem warmen Ort ziehen lassen, dann abfiltern.

Verwendung

In kleine, sterile, gut verschließbare Flaschen füllen oder in einer Gefrierdose einfrieren – auch in Eiswürfelform. Ungeöffnet hält der Sirup im Kühlschrank bis zu einem halben Jahr, angebrochen einen Monat. Mit Mineralwasser gespritzt ein erfrischendes Getränk, in der Küche zum gesunden Süßen und Aromatisieren von Desserts und Kuchen. Und: Er schmeckt auch Kindern und ist daher besonders gut als Medizin in der Hausapotheke geeignet.

Kandieren

- Blätter und Blüten (frisch)
- 1 bis 2 Eiweiß
- 100 g Puderzucker oder feiner Streuzucker

Zubereitung

Eiweiß steif schlagen, Blüten oder Blätter vorsichtig darin wenden oder dünn damit einpinseln. Achten Sie darauf, dass die Kräuter vollständig mit der Masse bedeckt sind. Dann gründlich mit dem Zucker bestreuen. Entweder auf Pergament- oder Wachspapier ausbreiten und auf dem Küchenrost etwa 2 Tage lang in einem warmen Raum trocknen. Alternativ trocknen Sie im Backofen bei 30 °C, dabei die Ofentür einen Spalt offen stehen lassen. Locker zwischen Papierlagen in luftdichte Gläser oder Keksdosen gefüllt, können Sie diese süßen Kostbarkeiten einige Zeit aufbewahren.

Verwendung

Filigranes für Feinschmecker: Kandierte Blüten und Blätter sind eine zierliche Zierde für Süßspeisen und Sorbets, Tartes und Torten sowie ein knuspriger Kontrast in Mousse oder Kompott.

FLÜSSIGE KRÄUTERAUSZÜGE, TINKTUREN UND TEES

Nicht nur Öl, auch Wasser und besonders Alkohol sind ein gutes Lösungsmittel für die ansonsten flüchtigen Düfte und Wirkstoffe der Kräuter. Alkoholtinkturen zur äußerlichen Anwendung oder zur Einnahme bei Verdauungsproblemen, Erkältungen und Entzündungen sind aus der Hausapotheke nicht wegzudenken.

Auch Tee ist nichts anderes als ein wässriger Kräuterauszug. Und zweifellos ist dies die wohl populärste Verwendung von Kräutern schlechthin. Teekuren läuten das Frühjahr ein, Tees lindern Beschwerden aller Art und werden auch äußerlich zum Gurgeln, für Spülungen und für Bäder verwendet.

Die Alkoholtinktur

- 50 bis 100 g frische Kräuter oder
  25 bis 50 g getrocknete Kräuter, Wurzeln oder Samen
- 500 ml Alkohol (70 %)

Zubereitung

Die Tinktur wird wie der Ölauszug (s. S. 49) hergestellt: Die Kräuter in ein Glasgefäß füllen und vollständig mit dem Alkohol bedecken. Etwa vier Wochen ziehen lassen. Dann abseihen, auspressen und gut verschlossen in sterilen Gefäßen vor Licht geschützt lagern.

Verwendung

Tinkturen werden vielfältig verwendet:

Äußerlich:
Für Einreibungen, Auflagen oder Gurgellösungen; in der Kosmetik für Gesichtswässer – dabei aber nicht zum Dauergebrauch, da sie die Haut austrocknen.

Innerlich:
Ein paar Tropfen Tinktur auf ein Stück Zucker geben oder in Wasser aufgelöst trinken.

Der Kaltauszug

- 1 bis 2 TL getrocknete Kräuter oder Wurzeln
- 250 ml Wasser.

Zubereitung

Kräuter oder Wurzeln mit kaltem Wasser übergießen, gut abdecken und ziehen lassen: Kräuter 4 bis 10, Wurzeln 10 bis 24 Stunden, dabei gelegentlich umrühren. Abfiltern und abfüllen.

Verwendung

Eignet sich für harte Teile von Kräutern wie Stiele, Wurzeln, Rinde oder Samen. Der Auszug wird ähnlich wie Tee verwendet.

TIPP Verarbeiten Sie nur abgekochtes Wasser! In Leitungswasser frisch aus dem Hahn können jede Menge Keime enthalten sein. Die sind normalerweise harmlos, während der langen Extraktionszeit für Kaltauszüge können sie sich jedoch leicht vermehren! Und das kann dann ungesunde Folgen haben.

Die Abkochung

- 1- 2 EL frische Kräuter oder 1 bis 2 TL getrocknete Kräuter, Samen, Rinde oder Wurzeln
- 250 ml Wasser

Zubereitung

Die Pflanzenteile zerkleinern oder mahlen. Das ist bei Samen besonders wichtig, damit die ätherischen Öle freigesetzt werden. Übergießen Sie das Pflanzgut mit dem Wasser, und bringen Sie die Mischung langsam zum Sieden. Abdecken und 15 bis 20 Minuten köcheln lassen, dabei können Sie immer wieder etwas Wasser nachgießen, da die Flüssigkeit verdampft. Dann abgießen.

Verwendung

Diese Extraktionsart eignet sich speziell für Kräuter, deren hitzebeständige Heilstoffe in den holzigen Teilen sitzen. Das sind Wurzeln, Rinden, Samen, harte Stängel oder ledrige Blätter. Verwendung ähnlich wie Tee.

Der Tee

- 1 bis 2 EL frische Kräuter oder 1 bis 2 TL getrocknete Kräuter, Samen, Rinden oder Wurzeln
- 250 ml Wasser

Zubereitung

Blätter, Blüten oder junge Stängel werden grob zerkleinert; Samen, Rinden oder Wurzeln zerrieben oder gemahlen. Die so vorbereiteten Kräuter anschließend mit dem siedenden oder kochenden Wasser übergießen und kurz umrühren. Der Tee sollte gut abgedeckt werden, damit sich die heilkräftigen Substanzen, z. B. ätherische Öle, nicht verflüchtigen. Je nach Zutaten variiert die Einwirkzeit: Haben Sie Blätter, Blüten oder Jungtriebe verwendet, sollte der Tee 5 bis 10 Minuten, bei Samen, Rinden oder Wurzeln 12 bis 15 Minuten ziehen. Abgegossen wird durch ein Teesieb oder einen -filter. Als Faustregel gilt: Stark duftende Pflanzen kürzer, weniger intensiv duftende Kräuter länger ziehen lassen.

Verwendung

Diese Extraktionsart eignet sich besonders für Kräuter mit hohem Anteil an flüchtigen Wirkstoffen wie ätherische Öle und Aroma. Tees bilden die Basis für die Hausapotheke – die generelle Empfehlung lautet: 2 bis 3 Tassen des etwas abgekühlten Tees täglich zwischen den Mahlzeiten einnehmen; Tee für Erkältungskrankheiten kann mit Honig gesüßt werden – am besten mit dem jeweils angezeigten Kräuterhonig (s. S. 53); Tee für Magenbeschwerden sollte nicht gesüßt werden. Tee wird außerdem in zahlreichen äußerlichen Anwendungen weiterverarbeitet, z. B. Bäder, Waschungen, Auflagen, Gesichtswasser oder Haarspülungen.

Mundspülungen und Gurgeln mit flüssigen Auszügen

Kräutertees, -abkochungen und -tinkturen sind die Hauptgrundlage für Mundspülungen bei Verletzung oder Erkrankungen im Mund- und Rachenraum. Beim Gurgeln können die ätherischen Öle der Pflanzen Ihre heilende Wirkung bereits nach einer Minute entfalten! Tees und Abkochungen lassen Sie etwas abkühlen, von Tinkturen geben Sie ein paar Tropfen in ein Glas lauwarmes Wasser. Gurgeln oder spülen Sie mit dem – ungesüßten – Sud mehrmals täglich, solange die Beschwerden anhalten.

Waschungen, Kompressen, Auflagen, Salben

Die Herstellung eigener Salben ist kein Hexenwerk, es geht ganz einfach. Traditionsgemäß wird als Grundlage Schweinefett verwendet. Es ist haltbar, leicht zu verarbeiten und lässt sich gleichmäßig auf die Haut auftragen.

Die Kräuter lässt man im erhitzten Fett ziehen, so geben sie ihre wirksamen Substanzen ab.

Kompressen und Auflagen haben den gleichen Effekt: Die angereicherten heilsamen Wickel werden äußerlich auf betroffene Hautstellen aufgebracht. Sie sind alle über Jahrhunderte bewährte Hausmittel gegen Hautprobleme und Verbrennungen oder dienen einfach nur der Pflege.

Zitronenthymian

Vorbereitung für Waschungen

- Bevor Sie mit einer Waschung bei offenen Wunden beginnen, sollten Sie eventuelle Krusten aus Blut, Sekreten oder Eiter entfernen.
- Benutzen Sie dazu den jeweiligen Kräutertee oder die -abkochung, die Sie für die Waschung zubereitet haben.
- Befeuchten Sie ein steriles Mull-, Gaze-, Baumwoll- oder Leinentuch mit dem heißem Kräutersud, und drücken Sie dieses noch so heiß wie möglich auf die betroffenen Hautstellen.
- Nach 10 Minuten sind die Krusten normalerweise aufgeweicht und lassen sich gut entfernen.
- Nun können Sie mit der Waschung beginnen.

Waschungen

- 2 bis 3 EL frische Kräuter oder 2 bis 3 TL getrocknete Kräuter, Samen, Rinden oder Wurzeln
- 250 ml Wasser
- Mull- oder Gazeverband, Baumwoll-, Küchen- oder Handtuch

Zubereitung

Stellen Sie einen Tee (s. S. 55) oder eine Abkochung (s. S. 55) nach dem Grundrezept her. Lassen Sie den jeweiligen Sud lauwarm abkühlen und tränken Sie den Stoff damit. Waschen Sie die betroffenen Körperstellen vorsichtig in kreisenden Bewegungen damit ab.

Verwendung

Die sanfte Kraft der Kräuter wird besonders für Waschungen von offenen Wunden hoch geschätzt.

Gesichtskompressen

- 2 bis 3 EL frische Kräuter oder
  2 bis 3 TL getrocknete Kräuter, Samen, Rinden oder Wurzeln
- 250 ml Wasser
- Mull- oder Gazeverband, ein Baumwoll-, Küchen- oder Handtuch

Zubereitung

Stellen Sie einen Tee (s. S. 55) oder eine Abkochung (s. S. 55) nach dem Grundrezept her. Den Sud so heiß wie möglich verwenden. Das Tuch eintauchen und nur leicht ausdrücken, bis es nicht mehr tropfnass ist. Dabei das gesamte Gesicht bis unter das Kinn damit bedecken, leicht andrücken. Wenn die Kompresse erkaltet ist, abnehmen und die Behandlung bis zu dreimal wiederholen. Stellen Sie den restlichen Sud kurz ins Gefrierfach, und schließen Sie die Behandlung mit einer kalten Kompresse ab. Das schließt die Poren und wirkt wunderbar erfrischend.

Verwendung

Wohltuende Düfte und pflegende Inhaltsstoffe der Kräuter – der kleine Wellnessurlaub zu Hause. Nehmen Sie sich die Zeit für so ein Beauty-Treatment: Es reinigt porentief, kurbelt die Zelldurchblutung an, zaubert einen zarten Teint – und entspannt. Bei empfindlicher, zu Couperose neigender Haut sollten Sie nur lauwarme Kompressen anwenden und auf den kalten Abschluss verzichten.

Salbe

- 50 bis 100 g frische Kräuter
- 100 g Schweineschmalz oder Vaseline oder Lanolin/Anhydrid.

Zubereitung

Die Pflanzenteile zerkleinern, das Fett im Wasserbad zerlassen. Rühren Sie die Kräuter ein, und erhitzen Sie die Mischung langsam so weit, bis sie kocht. Aus dem Wasserbad nehmen, gut abdecken und einen Tag ziehen lassen. Das Fett noch einmal so weit im Wasserbad verflüssigen, bis Sie es abfiltern können.

Verwendung

Gut verschlossen, kühl und dunkel aufbewahrt, halten Salben bis zu einem Jahr. Sie werden entweder direkt in die Haut eingerieben oder bei Hautproblemen oder -verletzungen sowie bei vielen neuralgischen Beschwerden für Auflagen verwendet.

Auflagen mit Kräutern

- Tee (s. S. 55) oder
  Abkochung (s. S. 55) oder
  Kaltauszug (s. S. 54) oder
  Tinktur (s. S. 54) oder
  Ölauszug (s. S. 49) oder
  Salbe (s. oben)
- Mull- oder Gazeverband, Baumwoll-, Leinen-, Küchen- oder Handtuch

Zubereitung

Tee oder Abkochung abkühlen lassen; Tinktur evtl. mit etwas Wasser verdünnen. Tränken Sie den Stoff mit den jeweils gewünschten Kräuterauszügen und legen ihn auf die betroffenen Hautpartien auf. Salben oder Öle können Sie direkt dick auf die Haut auftragen und den Stoff wie einen Verband benutzen. Decken Sie die Auflage mit einem trockenen Handtuch ab. Die Auflage sollte mindestens 30 Minuten lang auf der Stelle verbleiben.

Verwendung

Auflagen sind ein probates Hausmittel gegen viele Krankheiten und helfen sowohl äußerlich bei Hautverletzungen als auch innerlich, z. B. bei Verstauchungen oder rheumatischen Beschwerden. Sie werden auf die Haut aufgelegt und wirken so direkt auf ihre feinen Kapillargefäße und damit auf das Blut. Es wird eine ein- bis zweimalige Anwendung pro Tag empfohlen.

BÄDER – THALASSOTHERAPIE ZU HAUSE

"Ich glaube, dass ich kein Heilmittel anführen kann, das sicherer heilt als das Wasser." Diese Worte stammen von einem, der es wissen muss: Sebastian Kneipp. Doch dass im Wasser medizinische Kräfte schlummern, wurde lange vor seiner Zeit entdeckt: Bereits in der Antike galt es als Wundermittel – mit den dazugehörigen Badezusätzen aus Blüten und Blättern der Natur. Bäder und Thermen waren Kult und Kultur – bis ins Mittelalter. Dort galten die Badestuben als gesellschaftliche, medizinische und kosmetische Zentren. Dabei immer im Mittelpunkt: die Kunst der Kräutermixtur – für wohltuende Wannen- und Dampfbäder, pflegende Packungen und Masken. Heute weiß die Wissenschaft, was die Verbindung von Wasser und Kräutern so effektiv macht: Die Inhaltsstoffe der Pflanzen gelangen auf zwei Wegen schnell in den menschlichen Organismus. Zum einen werden sie durch das Wasser besser von der Haut resorbiert, in Zellstoffwechsel, Blut- und Lymphbahnen integriert und entfalten so rasch ihre Heilkräfte. Zum anderen werden durch die Wärme des Wassers die ätherischen Öle der Kräuter frei. Die aromatischen Dämpfe gelangen durch die Atmung in den Körper und wirken direkt auf das zentrale Nervensystem.

Badeöl

- 1 bis 2 EL getrocknete Kräuter
- 100 ml Basisöl (s. S. 50/51) • 10 ml Lezithin

Zubereitung

Aus Kräutern und Öl einen Ölauszug (s. S. 49) nach dem Grundrezept herstellen. Den Auszug mit dem Lezithin verrühren.

Verwendung

Für ein Vollbad rechnet man 1 bis 2 TL Badeöl. So ein Badeöl wirkt doppelt: Kräuter entfalten rasch ihre heilende oder kosmetische Wirkung auf Leib und Seele, das Öl ist stark rückfettend und liefert eine Extraportion Pflege für die Haut.

TIPP Man kann Badeöle auch zum Duschen verwenden, indem man sie einfach in die nasse Haut einmassiert.

Reine Kräuterbäder

- 250 g getrocknete Kräuter
- Baumwoll-, Leinensäckchen oder einen Seidenstrumpf (siehe auch „Duftkissen" s. S. 62).

Zubereitung

Die jeweiligen Kräuter in das Stoffsäckchen füllen, am Wasserhahn befestigen und direkt im Strahl hängen lassen. Um alle Inhaltsstoffe zu erhalten, den Beutel immer wieder kräftig auspressen oder anschließend in das Badewasser geben und ausdrücken.

Verwendung

Ein reines Kräuterbad ist die einfachste Variante des Vollbads – und ein Luxus, denn man braucht schon einiges an Blüten und Blättern, damit das Bad wirksam ist. Wer jedoch genug im Garten oder auf dem Balkon ernten kann, sollte sich unbedingt dieses Badevergnügen à la Natur pur leisten.

Flüssiger Badezusatz

- 2 bis 3 EL frische Kräuter oder 2 bis 3 TL getrocknete Kräuter, Samen, Rinden oder Wurzeln
- 250 ml Wasser

Zubereitung

Stellen Sie einen Tee (s. S. 55) oder eine Abkochung (s. S. 55) oder einen Kaltauszug (s. S. 54) nach dem Grundrezept her. Der jeweilige Kräutersud wird einfach warm oder kalt dem Badewasser zugegeben.

Verwendung

Die einfache Alternative zu reinen Kräuterbädern und außerdem ideal für Teilbäder, wie z. B. Fußbäder.

Vollbäder

Vollbäder – ein ganzheitliches Wellnesskonzept! Als Faustregel gilt: Die Wassertemperatur sollte zwischen 36 °C und 38 °C betragen und die Badedauer sollte 20 Minuten nicht überschreiten. Wichtig ist eine großzügige Ruhepause nach dem Bad, bis zu eine Stunde und am besten gut zugedeckt, denn die Wärme verstärkt die Wirkung von Wasser und Pflanzen.

Kopfdampfbäder

- 100 g frische Kräuter oder 50 g getrocknete Kräuter oder einige Tropfen Tinktur (s. S. 54)
- 1 bis 2 l Wasser

Zubereitung

Übergießen Sie die Kräuter mit dem kochendem Wasser, oder geben Sie einige Tropfen Tinktur zu. Topf vom Herd nehmen. Sie können entweder direkt über dem Topf inhalieren, oder Sie schütten den Inhalt in eine große Schüssel um. Beugen Sie Ihren Kopf über das Gefäß, und decken Sie ein großes Handtuch oder eine leichte Decke über Kopf und Gefäß. Atmen Sie die aufsteigenden Dämpfe langsam und tief durch Mund und Nase ein und aus. Wenn das Atmen schwer fällt oder schmerzt, gehen Sie einfach mit dem Kopf etwas weiter von der heißen Flüssigkeit weg.

Verwendung

Kopfdampfbäder sind wohltuend und heilend bei Erkrankungen der Atemwege. Sie können sich damit aber auch ein Beauty-Kombipaket gönnen – pflegende Tiefenreinigung und Aromatherapie in einem. Schmutz und Hautschüppchen werden ausgeschwemmt, die Durchblutung angeregt, der Teint geklärt und der Kräuterduft verwöhnt die Sinne.

Einschränkungen für Kopfdampfbäder

Bei trockener und empfindlicher Haut sowie bei Neigung zu Couperose sind Kopfdampfbäder mit Vorsicht zu genießen. Sie müssen auf Inhalationen aber dennoch nicht verzichten, wenn Sie folgende Regeln beachten.

- Reduzieren Sie die Häufigkeit der Anwendung auf das Nötigste.
- Lassen Sie den Kräutermix soweit abkühlen, dass gerade noch ein feuchtwarmer Dampf aufsteigt, bei Couperose sollte er nur mehr lauwarm sein.
- Die Dauer der Behandlung sollte drei Minuten nicht überschreiten, bei Couperose eher noch weniger.
- Die Haut nach dem Bad nicht kalt abspülen!

Fußbäder

- Tee (s. S. 55) • Abkochung (s. S. 55), • Kaltauszug (s. S. 54)

Zubereitung

Füllen Sie so viel heißes Wasser in eine Waschschüssel oder in die Badewanne, dass die Füße bis über die Knöchel gut bedeckt sind. Fügen Sie den gewünschten Kräutersud zu.

Verwendung

Eine Wohltat bei müden schmerzenden Füßen – oder bei kalten nach einem nassen Spaziergang. Fußbäder sollten möglichst heiß sein und nicht länger als 10 Minuten dauern. Danach gründlich abtrocknen! Plus: Nach dem Einweichen lassen sich harte Stellen wie Hornhaut oder Schwielen leichter entfernen.

BASICS DER KRÄUTERKOSMETIK

Kräuterkosmetik ist eine Wissenschaft für sich und so manches Rezept ist kompliziert, aufwändig oder nur mit chemischen Zusätzen möglich. Daher stellen wir Ihnen nur Anwendungen vor, die einfach nachzumachen sind, aber dennoch wirkungsvoll! Zusätzliche Schönheitsmittel finden Sie unter „Kopfdampfbäder“ (s. S. 59), Kompressen (s. S. 57), „Gesichtsöle“ und „Körperöle“ (s. S. 49).

Reinigungsmilch

- 125 ml Tee (s. S. 55) oder Abkochung (s. S. 55)
- 3 g Lezithin • 30 ml Basisöl (Special s. S. 50/51)

Zubereitung

Geben Sie das Öl in ein steriles gut verschließbares Glasgefäß und mischen das Lezithin unter. Geben Sie etwa 2 EL von dem Tee zu, verschließen das Gefäß und schütteln die Mischung zu einer cremigen Masse. Nach Wunsch in ein praktisches Fläschchen umfüllen.

Verwendung

Sauberkeit ist das A und O einer gesunden gepflegten Haut. Diese Milch ist eine besonders milde Art der Reinigung – und eignet sich daher für jeden Hauttyp, auch für den trockenen empfindlichen Teint.

GESICHTSWASSER

Kräutergesichtswässer sind eine duftende Erfrischung nach der Reinigung: Auf einem Wattebausch auf Gesicht, Hals und Dekolletee auftragen und die Haut damit abreiben. So entfernen Sie auch letzte Schmutz- oder Make-up-Reste. Ein Gesichtswasser auf Alkoholbasis wirkt desinfizierend, entfettend, adstringierend und kühlend. Es eignet sich daher bei fettiger, großporiger oder Mischhaut sowie bei Unreinheiten, Mitessern und Akne. Bei empfindlichem, trockenem Teint und/oder Neigung zu Couperose sollten Sie ein Gesichtswasser ohne Alkohol verwenden.

Gesichtswasser ohne Alkohol

- 250 ml Tee (s. S. 55) oder Abkochung (s. S. 55)

Zubereitung

Die einfachste Form für Kräutergesichtswässer: Den gewünschten Sud extra lange ziehen lassen, abgießen und lauwarm anwenden.

Gesichtswasser mit Alkohol

- 50 g frische Kräuter oder 25 g getrocknete Kräuter
- 125 ml Hamameliswasser
- 50 ml Alkohol (70 %)

Zubereitung

Kräuter in ein Glasgefäß geben und mit Hamameliswasser und Alkohol übergießen, abdecken und einen Tag ziehen lassen. Abseihen und in ein steriles, verschließbares Glas abfüllen.

Masken

- Frische Kräuter (fein gehackt) oder Tee (s. S. 55) oder Abkochung (s. S. 55)
- Joghurt
- Hafermehl

Zubereitung

Mischen Sie Joghurt mit den Frischpflanzen bzw. flüssigen Auszug im Verhältnis 1:1, z. B. 5 TL Tee und 5 TL Joghurt oder 5 TL Blüten und 5 TL Joghurt. Rühren Sie so viel von dem Mehl unter, bis die Masse eine cremeartige Konsistenz hat.

Verwendung

Die Wellnesskur für die Haut: eine Gesichtsmaske! Einmal pro Woche, mindestens jedoch einmal im Monat sollten Sie sich damit verwöhnen. Verteilen Sie die Packung gleichmäßig auf Gesicht, Hals und/oder Dekolletee, dabei die Augenpartie und Lippen aussparen. Nach 10 bis 20 Minuten mit lauwarmem Wasser vollständig abnehmen – und nach Wunsch mit dem restlichen Tee abtupfen bzw. nachspülen.

TIPP Wird eine Maske auf dem Gesicht zu fest oder hart, hilft ein Trick beim Abnehmen – und Sie können so ganz nebenbei auch den übrigen Tee intensiv nutzen: Wärmen Sie ihn noch einmal kurz auf, geben ihn auf ein Tuch und legen es zum Aufweichen der Packung auf das Gesicht. Ist eine Maske dagegen zu weich, verhindert das Auflegen eines feinen Gaze- oder Mulltuchs ein Tropfen oder Laufen der Masse.

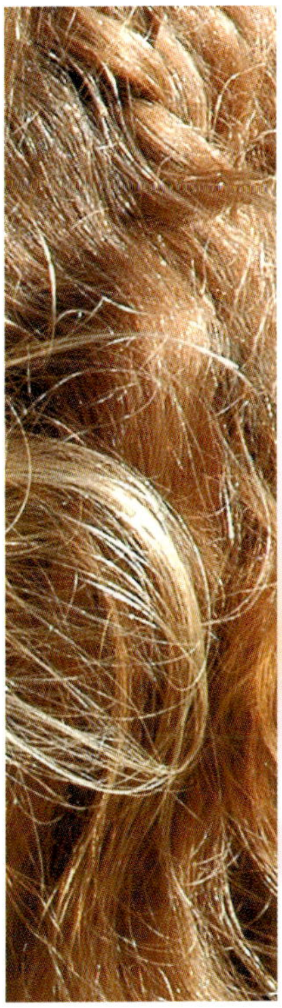

HAARSPÜLUNGEN

Haarspülung mit Kräutern – Duft und Pflege für jedes Haar: Die einfachste Variante sind Spülungen mit Tee bei normalem Haar. Die idealen Mischungen für fettiges, stumpfes Haar werden auf der Basis von Essig hergestellt: Er regeneriert den natürlichen Säureschutzmantel der Kopfhaut, entfernt restliche Seifen- bzw. Shampoopartikel, die dem Haar den Glanz nehmen. Geben Sie jeweils 250 ml Spülung nach dem Waschen in das Haar und massieren die Kopfhaut damit, das fördert die Durchblutung. Lassen Sie sie so lang wie möglich einwirken.

Haarspülung ohne Essig

- 250 ml Tee (s. S. 55) oder Abkochung (s. S. 55)

Zubereitung

Den gewünschten Auszug extra lange ziehen lassen, abseihen, etwas auskühlen lassen – fertig!

Haarspülung mit Essig

- 250 ml Tee (s. S. 55) oder Abkochung (s. S. 55)
- 250 ml Essig

Zubereitung

Den gewünschten Sud mehrere Stunden ziehen lassen, abfiltern und erkalten lassen. Mit dem Essig in einem gut verschließbaren Glasgefäß mischen und einen Tag stehen lassen. Diese Spülung reicht für zwei Anwendungen.

AROMATHERAPIE MIT KRÄUTERN

Duftkissen

- Ein viereckiges Stück Stoff aus Naturmaterial (Baumwolle, Leinen), z. B. ein Taschentuch
- Getrocknete Kräuter nach Wahl

Zubereitung

Das Stoffviereck falten und an drei Enden zusammennähen. Mit dem getrockneten Pflanzgut füllen und die letzte offene Naht schließen.

Verwendung

Ein duftendes Kräuterkissen – Aromatherapie für Leib und Seele! Legen Sie es direkt neben sich auf das Kopfkissen; die Wärme der Haut sowie der Druck auf die Kräuter lösen deren Wirkstoffe, meist ätherische Öle – und damit Ihre Probleme im Schlaf! Denn hauptsächlich wird so ein Kissen als Entspannungs- und Einschlafhilfe verwendet – aber auch bei Erkrankung der oberen Luftwege wie Husten oder Asthma. Und natürlich zur Beduftung von Wäsche in Schränken und Schubladen sowie zur Vertreibung von Motten und anderen Insekten. Doch Ihrer Kreativität sind keine Grenzen gesetzt: Experimentieren Sie mit Kräutern für jede Gelegenheit – als aphrodisierendes Liebeskissen, als Kissen gegen Katerstimmung, für den jeweiligen Ayurveda-Typ (s. S. 130/131) oder die Ausrichtung nach der Traditionellen Chinesischen Medizin (s. S. 128/129)

Aroma-Badeöle

Rosenblüte

TIPP Auch mit den Stoffen selbst können Sie Stimmung machen: Weiß mit Stickereien oder Spitze für das romantische Schlafzimmer, poppig-bunt für das moderne Ambiente oder stilecht mit provençalischem Muster für das traditionelle Lavendelkissen. Wer nicht gern Handarbeiten erledigt: In Drogerien, Asien- oder Indienshops findet man oft schöne Säckchen zum Schnüren, die man ebenso gut benutzen kann. Sie sollten aber darauf achten, dass sie aus atmungsaktivem Material bestehen, damit der Duft der Kräuter sich voll entfalten kann.

Koriander

Hopfen

Rosmarin

Lavendel

AUS DEM

KÜCHENKRÄUTER EIGENEN GARTEN

Petersilie *PETROSELINUM CRISPUM*

Schon die alten Römern liebten die würzigen Blätter. Ob im Bouquet garni oder als Salsa Verde, in Salatsoßen oder Rührei – ohne Petersilie steht die europäische Küche auch heute noch auf verlorenem Posten.

Nur im ersten Jahr ist der zweijährige Doldenblütler genießbar. Schossen seine Blüten im zweiten Jahr in die Höhe, werden die Blätter hart. Petersilie enthält Eisen, Calcium und viele Vitamine, aber auch Apiol ein giftiges ätherisches Öl (siehe unten).

Feuchter lockerer Boden, der nahrhaft, aber nicht frisch mit Mist gedüngt ist, gefällt der Petersilie, außerdem ein sonniger bis halbschattiger Platz. Tagetes sind gute Nachbarn, Salate nicht.

Die Samen gehen nur bei gleichmäßiger Wärme und Feuchtigkeit auf. Daher keimen sie in kalten Frühjahren langsam und werden dann auch noch gerne von Schnecken gefressen. Säen Sie statt im April lieber im Juli. Lassen Sie die Pflanzen über Winter unter einer Reisigdecke im Beet stehen und ernten Sie weiter bis die Blüten im nächsten Jahr erscheinen.

Schneiden Sie die äußeren Blätter ab, sobald sie ausgewachsen sind. Es treiben immer neue von Innen heraus nach. Petersilie verliert beim Trocknen sein Aroma, lässt sich aber leidlich gut einfrieren.

Gewürz-Multitalent für Kräutersoßen, Fleischbrühen und Suppen. Petersilie passt gut zu Eiern, Fleisch und Gemüse. Der Tee aus den Samen soll als Haarspülung Kopfläuse vertreiben.

Salsa Verde

- 80 g Petersilie
- 1 kleine Knoblauchzehe
- 20 g salzige Gewürzgurken
- 10 g Kapern • 20 g Schalotten
- 1 EL frische Weißbrotbrösel
- 1 EL Aceto Balsamico
- 1/8 Liter Olivenöl

Petersilie möglichst nicht waschen, Stiele abzupfen. Blätter und Knoblauch sehr fein hacken. Gurken, Kapern und Schalotten etwas gröber hacken. Alles zusammen verrühren und mit Salz und Pfeffer abschmecken. Zum Schluss das Olivenöl langsam einlaufen lassen und dabei kräftig unterrühren.

GLATTE PETERSILIE

PETROSELINUM CRISPUM VAR. ITALICUM

Die glatte Variante der Petersilie schmeckt aromatischer, zugleich edler als ihre krause Schwester, aber die Blätter und vor allem die Samen enthalten mehr Apiol. Die stark harntreibende Abkochung aus Samen galt im Mittelalter als potenzstärkend – andererseits als Abtreibungsmittel, was oft für die Mütter tödlich endete. Daher stammt der Spruch: "Petersilie hilft dem Mann auf's Pferd und der Frau unter die Erd." Schwangere sollten selbst die Blätter nur in Maßen genießen.

SCHNITTSELLERIE

APIUM GRAVEOLENS VAR. SECALINUM

Schnittsellerie bildet keine Knollen aus und seine Blätter gehören zum typischen Suppengrün. Sie schmecken intensiv nach Sellerie und verlieren auch getrocknet nicht ihr Aroma. Man zieht die frostempfindlichen Pflanzen ab März auf der Fensterbank vor und pflanzt sie nach den Eisheiligen ins Freie. Freilandsaat ab Mai. Sellerie braucht humosen, feuchten und gut mit Kompost und Hornspänen gedüngten Boden. Die Blätter lassen sich nach Bedarf ernten.

Schnittlauch *ALLIUM SCHOENOPRASUM*

Die robuste einheimische Pflanze war schon im Altertum ein bekanntes Gewürz. In einem dichten Horst schieben sich röhrenförmige, bis 30 cm lange, je nach Sorte mal dickere mal feinere Blätter in die Höhe. Im Juni öffnen sich rosa Blüten in kugeligen Köpfen. Sie locken Bienen an und erfreuen, einzeln ausgezupft, den Feinschmecker mit einem ebenso sanft zwiebeligem Aroma wie die Blätter. Schnittlauch ist reich an Vitamin C, regt den Appetit an und senkt den Blutdruck.

Das Zwiebelgewächs liebt kalkhaltige, feuchte, humose und nahrhafte Böden an sonnigen bis halbschattigen Plätzen.

Im April/Mai säen Sie aus; im Frühling oder Herbst lassen sich größere Horste teilen. Schneiden Sie die Blätter nach der Blüte zurück, aber nicht zu tief, besonders wenn diese mit Pusteln übersät sind (eine typische Pilzkrankheit), und düngen Sie mit Brennnesseljauche oder Kompost, um einen neuen gesunden Austrieb anzuregen.

Blätter ernten Sie das ganze Jahr über, Blüten kurz nach dem Aufblühen. Nach den ersten Frösten im Winter können Sie einen Ballen aus dem Boden graben, in einen Topf setzen und an der Fensterbank antreiben, um frisches Grün zu ernten.

Verwenden Sie Blätter und Blüten am besten frisch, im Notfall eingefroren. Sie würzen Salate, Fleisch- und Gemüsegerichte und schmecken köstlich auf einem frischen Butterbrot.

BÄRLAUCH

ALLIUM URSINUM

Bärlauch gedeiht im Garten am Rand von Sträuchern, in feuchter halbschattiger Lage und humosem kalkhaltigen Boden. Schon im März treiben die Blätter aus, um sich nach der Blüte im Mai und der Samenbildung im Juni/Juli wieder in die Erde zurückzuziehen. Bärlauch schmeckt nach Knoblauch. Er senkt den Blutdruck, reinigt das Blut, regt den Appetit an. Wegen des Mundgeruchs besser gemeinschaftlich genießen! Lecker als Pesto, Suppe, Soße und in Teigwaren.

ZIMMERKNOBLAUCH

TULBAGHIA VIOLACEA

Sanftes Knoblaucharoma kombiniert mit feiner Schärfe bieten die grasähnlichen langen, grünen oder grün-weiß gestreiften Blätter. Die robuste Zimmerpflanze ist ein Liliengewächs und gedeiht das ganze Jahr auf einer sonnigen Fensterbank. Sie schmückt sich mit rosa Blütenglöckchen an langen Stängeln. Im Sommer fühlt sich die Pflanze auf Terrasse und Balkon wohl.

Bärlauchspätzle für Gourmets

- 200 g Bärlauch • 50 g Petersilie
- 100 g Sauerrahm • 225 g Mehl
- 50 g Hartweizengries • 4 Eigelb
- 2 Eier • Salz • 1 EL Olivenöl

Bärlauch und Petersilie waschen, trockentupfen und mit dem Sauerrahm sehr fein pürieren. Mit allen anderen Zutaten mischen und kräftig schlagen, bis der Teig Blasen wirft. Spätzle in reichlich Salzwasser hineinhobeln, mit dem Schaumlöffel herausheben , sobald sie oben schwimmen und gut abtropfen lassen. Schmeckten gut mit Käse oder mit gedünsteter Zwiebel-Schinken-Pilz-Mischung.

Dill *ANETHUM GRAVEOLENS*

Bereits Römer und Griechen schätzten Dill als Gewürz, dessen reichlich vorhandene ätherische Öle Krämpfe lösten, den Magen stärkten und Blähungen vertrieben. Heute wird der einjährige Doldenblütler auf der ganzen Welt angebaut. Dill wächst gern in Mischkulturen, dann schweben seine zarten gelben Blütenschirme und filigranen Fiederblätter an hohen Stängeln über Gemüsen und Salaten. Im Handel gibt es Samen von verschiedenen Sorten wie 'Tetradill' mit großen Blättern oder 'Mariska' mit schönen großen Blütendolden zu kaufen.

Nur an warmen, sonnigen Standorten fühlt sich der Südeuropäer wohl. Der Boden sollte locker, feucht und humos sein – aber nur mäßig nährstoffreich.

Säen Sie Dill ab März direkt ins Beet, zwischen Gemüse und Salate oder in Reihen mit 25 cm Anstand. Dill wächst nicht überall gut und keiner weiß warum. Am besten lassen Sie einige Pflanzen blühen und Samen bilden. Im Folgejahr erscheint überall kräftiger kleiner Dill, den Sie dort wachsen lassen, wo er nicht stört.

Zuerst ernten Sie einzelne Blätter, wenn die Pflanze in Blüte schosst, die ganze Pflanze. Dill verliert sein Aroma beim Trocknen und Kochen, behält es aber tiefgefroren.

Blüten und Samen würzen Essiggurken, die gerösteten Samen herzhafte Speisen. Die Blätter verfeinern Gurkensalat, Fisch, Krustentiere und Kräuteressige. Ein Tee aus den Samen hilft wie Kümmel- und Fencheltee gegen Blähungen.

Goethes Lieblingsgericht:

Grüne Soße

Frankfurter Grüne Soße schmeckt am besten zu neuen Pellkartoffeln.

- eine Handvoll Gartenkräuter wie Petersilie, Schnittlauch, Kerbel, Pimpinelle, Borretsch, Estragon, Dill, Sauerampfer
- 1 EL Zwiebeln • 4 EL milder Essig
- 4 Eier • 1/8 Liter Sahne
- 1/8 Liter Joghurt • 1 TL scharfer Senf
- 1 EL Sonnenblumenöl

Hacken Sie die Kräuter und Zwiebeln sehr fein und lassen Sie diese 1/2 Stunde lang in Essig ziehen. Geben Sie die hartgekochten und gehackten Eier dazu. Verrühren Sie Sahne und Joghurt mit etwas Salz, Pfeffer und Senf. Schlagen Sie das Öl unter die Masse. Vermengen Sie die eingelegten Kräuter mit der Sahnesoße und lassen Sie alles 1/2 Stunde im Kühlschrank ziehen.

Kerbel *ANTHRISCUS CERIFOLIUM*

Kerbel ist das typische Frühjahrskraut: Es verleiht der Gründonnerstagssuppe, einer traditionellen vitaminhaltigen Frühlingsspeise, sein frisches anisähnliches Aroma. Auch als kraftspendendes, blutreinigendes und entgiftendes Heilmittel ist der zarte einjährige Doldenblütler seit der Antike bekannt. Seine mehrfach gefiederten Blätter fühlen sich weich und zart an und über dünnen, bis 50 cm langen Stielen schweben lockere Dolden aus winzigen weißen Blüten. Sie erscheinen nur im Sommer, wenn die Tage lang werden. Trockenheit, Hitze, zu enger Stand und pralle Sonne beschleunigen das Blühen und verkürzen die Erntezeit.

An eher kühlen, halbschattigen Plätzen in sandig humosem Boden mittleren Nährstoffgehalts bildet Kerbel die üppigsten Blattrosetten.

Säen Sie ab März bis Anfang April direkt ins Beet; nicht später, denn zum Sommer hin schosst das Kraut schnell. Wenn Sie im August säen, überstehen die Blätter den Winter und können bis zum kommenden Spätfrühling laufend geerntet werden.

Ernten Sie Blätter, Stängel und noch nicht erblühte Dolden nach Bedarf. Kerbel schmeckt fade, sobald er gekocht oder getrocknet wird. Beim Einfrieren bleibt das Aroma erhalten. Warme Speisen würzen Sie erst kurz vorm Servieren.

Mit Schnittlauch und Estragon gehört Kerbel zu den Fines Herbes der französischen Küche. Er schmeckt am besten zu leichten Speisen wie Salaten, Eiergerichten, Huhn und Fisch. Als blutreinigendes, aufbauendes Kraut gut für die Frühjahrskur.

SÜßDOLDE
MYRRHIS ODORATA

In halbschattigen, feuchten Ecken wird die winterharte Staude bis einen Meter hoch und gut halb so breit. Die Süßdolde, ein Doldenblütler, schmeckt würzig süß und anisähnlich. Ihre Wurzeln und Stängel werden seit Alters her kandiert, aus den weißen Blütendolden kocht man Sirup, und die kleingehackten Blätter würzen Süßspeisen. Besonders Kinder knabbern gerne die länglichen Samen, die sie im halbreifen Zustand frisch vom Strauch pflücken.

Kandierte Süßdolde

Etwas arbeitsaufwändig ist das Herstellen dieser altmodischen Nascherei, die aus Stängeln und Wurzeln der Süßdolde gemacht wird:

Die Stängel werden gehäutet, die Wurzeln geschält, in etwa 5 cm lange Stücke geschnitten und in Wasser etwas weich gekocht. Die Wurzeln oder Stängel lassen Sie auf einem Gitter abtropfen und wiegen sie ab. Sie werden mit der gleichen Menge Zucker vermischt und ziehen ein bis zwei Tage lang. Der Zucker sollte sich verflüssigt haben. Ansonsten nur ganz wenig Wasser zufügen, bis der Zucker gelöst ist. Dann alles unter sanftem Rühren langsam in einem Topf erhitzen, bis die Flüssigkeit fast verdampft ist. Stücke herausnehmen, auf einem Drahtgitter an einem warmen Ort gut trocknen lassen und in einem Schraubglas aufbewahren.

Gründonnerstagssuppe

Wer am Gründonnerstag eine Suppe aus neunerlei Kräutern zu sich nimmt, bleibt das ganze Jahr über gesund, berichtet der Volksglauben. Es sind immer die ersten grünen Triebe, die im Frühlingsgarten erscheinen, wie z. B. Kerbel, Petersilie, Giersch, Sauerampfer, Brennnessel, Bärlauch, Gundelrebe, Löwenzahn, Schafgarbe, Sauerampfer, Pimpinelle oder Vogelmiere.

**Pro Person eine Handvoll Kräuter sammeln, säubern, zerkleinern und zusammen mit einer fein gehackten und gedünsteten Schalotte kurz in Hühner- oder Gemüsebrühe aufkochen.
Achtung: Kerbel und Pimpinelle erst nach dem Kochen zugeben!
Eventuell durch ein Sieb passieren und mit Muskat, Salz und Pfeffer, Sahne und Sauerrahm abschmecken, noch einmal leicht erwärmen, aber nicht kochen lassen.**

Borretsch *BORAGO OFFICINALIS*

Allein der Anblick der himmelblauen Blütensterne macht das Herz froh, und tatsächlich gilt Borretsch in der Volksmedizin als herzstärkendes Mittel, das auch trübe Stimmungen verscheucht. Schon der antike Arzt Plinius sagte, Borretsch mache alle Menschen glücklich und zufrieden. Bienen scheinen das zu wissen, denn sie tummeln sich gerne in den Blüten. Die großen ovalen, rau behaarten Blätter fühlen sich stachelig an und so galt die einjährige Pflanze früher als magisches Mittel zur Stärkung des Mutes und der Wehrhaftigkeit. Kreuzfahrer trugen einige Blättchen auf ihren Reisen bei sich, ebenso junge römische Soldaten. Das bis 80 cm hohe und verzweigte Borretschgewächs verschafft sich gerne viel Raum und sollte eher einzeln an Beetrand und Zaun als in Reih‘ und Glied zwischen den Gemüsen wachsen.

Sonnig und warm will es Borretsch haben. Der Boden sollte sandig-humos und mager, aber immer leicht feucht sein. In gedüngter Erde kippt die saftreiche Pflanze leicht um.

Säen Sie ab Ende April an Ort und Stelle aus und bedecken Sie die Samen gut mit Erde. Lassen Sie ein Exemplar pro halben Quadratmeter wachsen. Borretsch samt sich von allein aus.

Pflücken Sie nur die jungen weichen Blätter, ältere sind hart. Blüten und Blätter schmecken gurkenähnlich und verzieren Salate und Soßen.

Klein gehackt würzen die Blätter eingelegte Gurken, Gurkensalat, Kräuterquark oder Eierspeisen. Ein Teeaufguss aus Blüten und Blättern stärkt das Herz und reinigt das Blut. In der Kosmetik als Feuchtigkeit spendender und hautklärender Zusatz zu Gesichtswässern verwendet.

STEINGARTEN-BORRETSCH

BORAGO PYGMAEA (B. LAXIFLORA)

Mit bis zu 50 cm langen, am Boden liegenden Stängeln breitet sich dieser Borretsch an feuchten Orten Sardiniens und Korsikas aus. Von Juli bis Oktober erscheinen kleine reinblaue Blüten. Die Pflanze erfriert bei uns in strengen Wintern, aber sie samt sich von selber reichlich aus. Im Steingartenbeet mit magerem Untergrund, der auch im Winter nie zu nass werden sollte, hat das Kraut die besten Überlebenschancen. Im Topf gezogen fallen seine Zweige mit den rauen ovalen Blättern hübsch über den Rand. Als Kübelpflanze kühl und hell überwintern.

Blüten und Blätter können Sie verwerten, allerdings fühlen sich die Blätter noch etwas rauer an als die des einjährigen Bruders.

Pimpinelle *SANGUISORBA MINOR*

An Wegrändern und auf trockenen Wiesen wächst wild die Pimpinelle, auch Kleiner Wiesenknopf genannt. Ihre runden gezähnten Fiederblättchen bilden eine Rosette, die nur etwa 30 cm hoch wird und im Staudenbeet dekorativ aussieht. Die Blüten dieses Rosengewächses, kugelige Köpfchen aus winzigen rötlichen Einzelblüten, fallen nicht besonders auf. Das heimische Kraut wird manchmal mit dem viel höher wachsenden Großen Wiesenknopf (*S. officinalis*) oder mit der Bibernelle (*Pimpinella spec.*), einem heimischen Doldenblütler, verwechselt. Beides sind heilkräftige Gewürze mit ähnlichen Geschmacksnuancen.

Sonnige bis halbschattige Plätze auf magerem kalkhaltigem Boden, der lieber zu trocken als zu feucht sein sollte, sind der kurzlebigen Staude am liebsten.

Säen Sie von Frühjahr bis Sommer direkt ins Beet. Jede Pflanze braucht 20 cm Platz um sich herum. Die Teilung im Frühjahr ist gut möglich. Pimpinelle samt sich außerdem von alleine aus.

Ernten Sie die Fiederblätter möglichst jung. Blüht die Pflanze im Sommer, schmecken sie bitter. Nur frisch verwenden, nicht mitkochen und nicht trocknen. Auch im Winter ist die Pflanze grün und kann beerntet werden.

Das Frühlingskraut schmeckt sanft nussig und ein wenig nach Gurke. Die jungen Blätter passen gut zu Eierspeisen, Feldsalat, Gurken, Grüner Soße oder Kräuterquark. Ein Tee aus Blättern und Blüten hilft gegurgelt gegen Zahnfleischentzündung oder getrunken gegen Durchfall. Früher als Weinauszug gegen Gicht und Rheuma verwendet.

Sauerampfer

RUMEX ACETOSUM

Das heimische Wildkraut finden Sie auf feuchten ungedüngten Wiesen. Im Frühjahr bereichern die erfrischend sauer schmeckenden Blätter Suppen und Soßen. An einer feuchten halbschattigen Stelle im Garten lohnt der Anbau von Sorten wie 'Profusion', die größere und saftigere Blätter besitzen als die Wildform und nicht blühen. Der Schildampfer (*R. scutatus*) bleibt mit seinen herzförmigen, stark zitronensauren Blätter zierlich und eignet sich besonders für kleine Gärten.

Sauerampfersuppe

- 2 große Handvoll Sauerampferblätter
- 250 g Kartoffeln
- 1 Liter gut gewürzte Fleischbrühe
- 1 Zwiebel • 100 g Sahne
- 1 EL Mehl • 2 EL Sauerrahm

Die Kartoffeln in der Fleischbrühe garen. Die gehackte, in Butter angebräunte Zwiebel dazugeben und alles durch ein Sieb streichen. Die Sauerampferblätter waschen, mit der Sahne pürieren, in die Suppe geben und kurz erhitzen. Ist die Suppe zu dünn, das Mehl mit etwas Sauerrahm verquirlen und in die Suppe einrühren, kurz aufkochen lassen.

Gartenkresse *LEPIDIUM SATIVUM*

Gartenkresse kennen die meisten Menschen als scharf-würzigen grünen „Rasen", der in einer Pappschachtel wächst. Das sind die Keimlinge, später entwickelt der einjährige Kreuzblütler eine Rosette aus gefiederten Blätter, die sich rasch zu einem bis 50 cm hohen Stängel mit weißen Blüten streckt. Aber nur ganz junge Blätter schmecken gut. Ihren pikant-pfeffrigen Geschmack verdanken sie den Senfölgykosiden, die typischerweise in vielen Kreuzblütlern wie auch Rettich oder Senf zu finden sind.

Kresse gehört zu den anspruchslosen Gewürzen. Mit jedem Boden an einem halbwegs sonnigen Platz gibt sie sich zufrieden, denn ein langes Leben ist ihr nicht beschert.

Säen Sie Kresse jederzeit aus: Im Winter an der Fensterbank in flache Schalen, auf eine Schicht feuchte Watte oder Vlies. Ab März in den Garten in Reihen.

Geerntet wird das Kraut, wenn die beiden Keimblätter ganz ausgebildet sind. Sie können auch noch warten, bis sich die ersten zwei oder drei Laubblätter zeigen. Schneiden Sie die Pflanzen ganz und bodeneben ab.

Kresse passt als Garnitur auf alle Salate und viele Gemüsegerichte. Köstlich schmecken die feinen Blättchen auch auf Butterbrot oder in Kräuterquark; dort aber sparsam einsetzen, damit sie nicht die feineren Aromen anderer Kräuter übertönen.

BRUNNENKRESSE

NASTURTIUM OFFICINALIS

An klaren Bächen und Teichen in Europa wächst die ausdauernde Wasserkresse wild. Ihre langen Stängel treiben im Wasser, die rundlich gefiederten Blätter und weißen Blüten recken sich in die Luft. Das Kraut wirkt harntreibend und regt den Stoffwechsel an, in der Küche würzen die zarten pikant und senfartig schmeckenden Blätter Salate und Frühlingssuppen. Triebe aus einem Bach bewurzeln und wachsen leicht in einer Schale mit Erde, in der ständig Wasser steht.

SALATRAUKE

ERUCA SATIVA

Mal als Gewürz für Pizza, Salat und Gemüsespeisen, mal selbst als Gemüse ist die pikant erdnussartig schmeckende Rauke sehr begehrt. Säen Sie die Samen ab März in Reihen aus und ernten Sie die Blätter nach wenigen Wochen, wenn sie etwa fingerlang sind.

RUKOLA – HYBRIDE 'RUN AWAY'

Diese Kreuzung aus Salatrauke und Wilder Rauke schmeckt ähnlich würzig und nussig wie Rauke, hat aber von ihrer wilden Verwandten das dekorative, tief eingebuchtete Lauch geerbt. Die Sorte wächst besonders schnell und kann schon vier bis sechs Wochen nach der Aussaat geerntet werden.

Kapuzinerkresse

TROPAEOLUM MAJOR, TROPAEOLUM-HYBRIDEN

Die mexikanische Rankpflanze mit ihren großen leuchtend gelben und roten Blüten kam mit den spanischen Seefahrern nach Europa. Ihre Blüten, Stängel und die schildförmigen Blätter sind zart, wasserhaltig und essbar. Als Garnierung auf Salaten wirken die exotischen Blüten unübertroffen dekorativ. Alle Pflanzenteile enthalten antibiotisch wirksame Stoffe und Senfölgykoside, die für den scharfen kresseartigen Geschmack verantwortlich sind. Die mittelamerikanischen Indianer legten die Blätter auf schlecht heilende Wunden.

Der Exot liebt einen warmen, aber halbschattigen bis schattigen Platz mit humosem, feuchten und nährstoffreichen Boden. Unter Obst- und Laubbäumen und am Rand von Sträuchern bedeckt er den Boden, braucht dort aber reichlich Wasser.

Die dicken Samen stecken Sie ab Mitte Mai in die Erde, am besten gleich an Ort und Stelle. Ab Mitte April können Sie Kapuzinerkresse im Haus vorziehen und nach den Eisheiligen auspflanzen. Gewähren Sie jeder Pflanze mindestens 20 cm Abstand rund herum.

Ernten Sie Blätter, Blüten und unreife Knospen jederzeit. In kleinen Gärten eignen sich Sorten, die nicht ranken sondern buschig wachsen besser; rankende nehmen sehr viel Platz ein.

Verwenden Sie die Blätter kleingeschnitten als Salatbeigabe, Blüten als Garnierung auf allen Speisen oder auf Butterbrot. Alle Pflanzenteile wirken blutreinigend und regt den Stoffwechsel an.

WINTERKRESSE

BARBAREA VULGARIS

Barbarakraut schmeckt wie Kapuzinerkresse und wird auch so verwendet. Säen Sie die Samen in Frühling oder Herbst an einen feuchten, halbschattigen bis leicht schattigen Platz aus, mit 25 cm Abstand zwischen den Reihen. Die gezähnten Blätter können Sie laufend ernten. Das zweijährige Kraut übersteht den Winter und blüht im nächsten Frühsommer.

LÖFFELKRAUT

COCHLEARIA OFFICINALIS

Scharf, kresseartig und leicht salzig schmeckt Löffelkraut. Schon die alten Seefahrer schätzten seinen hohen Vitamin C-Gehalt. Säen Sie den Kreuzblütler im März/April oder August/September an eine feuchte Stelle im Garten. Mit etwas Reisig vor starken Frösten geschützt, überstehen die Rosetten sogar den Winter. Die löffelförmigen Blätter ernten Sie rund ums Jahr als Salatbeigabe.

Falsche Kapern aus Kapuzinerkresse

Aus noch fest geschlossenen Blütenknospen und grünen unreifen Knospen der Kapuzinerkresse können Sie falsche Kapern herstellen:

Samen und Knospen blanchieren und in Schraubdeckelgläser füllen. Guten Weinessig kurz aufkochen lassen und über die Kapern gießen, bis alle bedeckt sind. Nach einigen Tagen den Essig abgießen, noch einmal aufkochen und wieder über die Kapern geben.

ESSBARE BLUMEN

Blumen nicht nur zum Anschauen!

Viele Blüten schmecken köstlich und bereichern Salate, Suppen, kalte Platten und Gemüsegerichte mit fröhlich bunten Farbtupfern. Blaue Borretschblüten, rote Dahlien, Gänseblümchen, Maßliebchen und gelbe Ringelblumen schmecken dezent, leicht nussig und dienen eher der Dekoration. Aber die Blüten von Kapuzinerkresse, Lavendel, Veilchen, Rosen, Zitronentagetes, Indianernessel und vielen Gewürzen wie Oregano, Majoran oder Schnittlauch verleihen Ihren Speisen herrliche Aromen.

Gezuckerte Blüten

Veilchen, Rosen, Obstblüten, Gänseblümchen, Borretsch, Lavendel und andere

Eiweiß leicht aufschlagen. Die gewaschenen und gut abgetropften Blüten dünn mit Eiweiß einpinseln und mit sehr feinem Zucker bestreuen. Einige Tage im warmen Zimmer auf einem Küchengitter trocknen und in Lagen zwischen Butterbrotpapier in einer Keksdose aufbewahren. Weiße Blüten werden manchmal unansehnlich braun bei diesem Verfahren.

1 Blüten von Kapuzinerkresse und Borretsch · 2 Gezuckerte Rosenknospen und Lavendelblüten · 3 Dahlien · 4 Kapuzinerkresse gefüllt

5 Ringelblumen · 6 Indianernessel · 7 Zitronentagetes
8 Rosenblüte · 9 Chrysanthemen · 10 Strahlendahlie

Basilikum *OCIMUM BASILICUM*

Basilikum, vor 20 Jahren bei uns fast vergessen, ist heute zum beliebtesten Gourmetkraut aufgestiegen. Sein intensives warmes, leicht pfeffriges Aroma schmeckt unvergleichlich gut zu Tomaten und Pasta. Basilikum vertreibt ganz nebenbei Blähungen, regt den Appetit an und stärkt flatternde Nerven. Im Mittelalter galt es als Stärkungsmittel: „Das Kraut bewegt zu ehelichen Werken" schrieb Tabernaemontanus. Auf der Haut verrieben soll es Mücken abwehren, im Topf kultiviert Fliegen aus dem Zimmer scheuchen. Aus Vorderindien stammend, war der Lippenblütler schon zur Pharaonenzeit in Ägypten hochgeschätzt.

Im Beet braucht Basilikum einen möglichst lockeren, humosen, nahrhaften Boden und den wärmsten, windstillsten Platz in der Sonne, den Sie auftreiben können.

Säen Sie ab März/April auf der Fensterbank oder im geheizten Gewächshaus aus (Lichtkeimer, Seite 24). Ab dem 20. Mai ins Freie pflanzen und vor Schnecken schützen. In kühlen Gegenden sollte Basilikum in Töpfen wachsen (siehe nächste Seite).

Ernten Sie nie einzelne Blätter, sondern immer ganze Triebspitzen, dann verzweigt sich das Kraut gut und blüht nicht so schnell. Verzögern Sie durch regelmäßiges Ernten die Blütenbildung.

Nur frisch und roh oder in Öl eingelegt schmeckt Basilikum. Als Salatgewürz, Garnierung und Pesto ist das Gewürz einfach unersätzlich. Es wirkt verdauungsfördernd und erwärmend.

'Dark Opal'

Seine tiefroten bis schwarzroten Blätter bringen farbigen Pfiff in grüne Salate. Die Sorte braucht noch etwas mehr Wärme als das normale 'Genoveser' Basilikum und schmeckt etwas herber als dieses.

Kleinblättriges Basilikum

OCIMUM BASILIKUM VAR. MINIMUM

Griechisches Buschbasilikum sieht man oft als Topfpflanze vor Haustüren und Fenstern in mediterranen Ländern – sie sollen dort Insekten vertreiben! Diese kleinblättrige Sorte bildet hübsche halbkugelige Büsche, schmeckt aber nicht ganz so aromatisch wie die Großblättrigen. Dafür vertragen die „Kleinen" wesentlich mehr Regen und Kälte als die „Großen" und sind bei uns die einzigen Sorten, die sicher im Beet gedeihen.

Zitronenbasilikum

OCIMUM AMERICANUM

Süßes Zitronenaroma verbreitet das Zitronenbasilikum, wenn Sie die frischen Blätter in Süßspeisen, Salaten, zitronigen Pestos und anderen Kreationen der Kochkunst einsetzen. Diese Wärme liebenden Arten gedeihen besser im Glashaus, im Tomatenhaus oder im Topf an der sonnigen Hauswand als im regenfeuchten Freiland.

Basilikum 'African Blue'

Basilikum bekommen Sie in den verschiedensten Sorten und Geschmacksrichtungen: Zimt und Zitrone, Kampfer, Nelke – herbe und süße Aromen verführen dazu, eine ganze Basilikumsammlung anzulegen. Neben den vielen einjährigen gibt es auch ausdauernde Arten, die den Winter auf der sonnigen Fensterbank verbringen. Das leicht herb schmeckende, rotblättrige „Zimmer"-Basilikum 'African Blue' schmückt sich mit rosa Blüten. Sie sollten es alle zwei Jahre durch Stecklinge vermehren.

Schnecken und Pilzkrankheiten (äußern sich durch schwarze Blattflecken und knickende Stängel) lassen eine erfolgreiche Kultur im Freiland nur selten zu. Besser ist es, Basilikum im Gewächshaus anzubauen oder nach dem Keimen in große Töpfe, die mit guter nahrhafter Fertigerde gefüllt sind, zu pikieren. An einem sonnigen und vor allem vor Regen geschütztem Platz entwickeln sich die Pflanzen rasch. Besonders für ausdauernde Arten bietet sich Topfkultur an.

Die zarten Blätter verdunsten viel Wasser, daher sollte reichlich gegossen und häufig nachgedüngt werden. Vermehren Sie die ausdauernden Arten durch Stecklinge im Sommer (Seite 26).

Ernten Sie regelmäßig die Triebspitzen, um die Verzweigung anzuregen und die Blüte zu verzögern.

Egal ob einjährig oder ausdauernd, Basilikum können Sie je nach Aroma-Richtung für exotische Speisen, als Tee, Potpourri-Zutat oder einfach als Anti-Insektenpflanze verwenden.

THAIBASILIKUM

OCIMUM BASILICUM 'SIAM QUEEN'

Dunkle eher kleine Blätter, purpurfarbene Blüten und rötliche Stängel zeichnen das Thaibasilikum aus, das mit seinem halb anisartigen, halb zimtähnlichen Aroma in Asien als Gewürz für Süßspeisen beliebt ist. Die Sorte braucht viel Wärme und sollte unbedingt im Gewächshaus, im Tomatenhaus oder an geschützter Stelle im Topf wachsen.

OSTINDISCHES BAUMBASILIKUM

OCIMUM GRATISSIMUM

Große, streichelweich behaarte, hellgrüne Blätter, gelbe Lippenblüten und eine stattliche Figur mit verholzenden Stängeln machen dieses wärmeliebende Basilikum zur Ausnahmeerscheinung. Wer die Blätter zwischen den Fingern reibt, dem steigt ein intensiver Duft nach Gewürznelken in die Nase. Sie verlieren sogar getrocknet und als Tee gekocht ihr Aroma nicht. Mücken vertreibt der Nelkenduft besonders gut.

Basilikum-Pesto

- 100 g frische Basilikumblätter
- 50 g Petersilie
- 50 g frisch geriebener Peccorino
- 50 g frisch geriebener Parmesan
- 50 g Pinienkerne • 2 Knoblauchzehen
- 1/2 TL Salz • 1 Spritzer Zitronensaft
- 100 bis 150 ml Olivenöl

Nur falls es nötig ist, waschen Sie die Blätter und tupfen sie dann mit einem weichen Tuch ganz trocken. Zerreiben sie alle Zutaten im Mörser oder pürieren Sie sie. Gießen Sie dann langsam, in einem dünnen Strahl das Öl zu, währenddessen Sie das Pesto mit dem Mixer auf höchster Stufe schlagen, bis ein sämiger Brei entsteht. Füllen Sie das Pesto in kleine Schraubdeckelgläser und gießen Sie noch etwas Olivenöl obendrauf, damit die oberste Schicht nicht schimmelt oder braun wird. Die Gläschen lassen sich im Kühlschrank einige Wochen und in der Kühltruhe einige Jahre lang aufbewahren.

Oregano *ORIGANUM VULGARIS*

Die Staude stammt aus dem Mittelmeergebiet und ist das Pizzagewürz schlechthin. Bienen und Hummeln lieben ihre weißen oder rosafarbigen Lippenblüten. Als heimischer Dost wächst sie auch bei uns wild an sonnigen Plätzen, schmeckt aber lange nicht so intensiv wie Rassen aus Griechenland oder Italien. Früher vertrieb man mit Dost den Teufel und böse Geister. „Oregano“, dieses herbe, leicht scharfe pfeffrige Aroma ist eher eine Geschmacksrichtung, denn ein Kraut: Auch Pflanzen aus ganz anderen Familien (siehe unten) liefern der Küche ein vergleichbares Aroma.

An einem vollsonnigen, warmen Ort in lockerem nahrhaften und eher trockenem Boden entwickeln Blätter und Blüten den besten Geschmack. Sehr empfehlenswert auch für die Kräutermauer.

Die Aussaat der staubfeinen Samen im Frühjahr lohnt kaum, kaufen Sie einzelne Pflanzen oder vermehren sie besonders aromatische Exemplare im Sommer durch Teilung, Stecklinge oder Wurzelausläufer (Seite 25 – 27).

Frische Stängel lassen sich jederzeit abschneiden. Von Juli bis September blüht das Kaut. Zum Trocknen ernten Sie ganze Stängel kurz bevor sich die Knospen öffnen und trocknen sie in Bündeln. Sehr aromatisch sind auch die Blütenstände.

Die Blätter behalten getrocknet Duft und Geschmack, und sie würzen Pizza, Pasta, Fleischgerichte. Tee aus Dost enthält viele ätherische Öle und wirkt krampf- und schleimlösend, antibakteriell sowie entzündungshemmend – und er soll Liebeskummer besänftigen.

GRIECHISCHER OREGANO

ORIGANUM VULGARE SSP. HIRTUM (ORIGANUM HERACLEOTICUM)

Das etwa 30 cm hoch wachsende Kraut wird nur halb so hoch wie der heimische Dost und besticht durch intensiven „Pizza“-Geschmack. Die Pflanze ist absolut winterhart und wächst schön kompakt. Sie gedeiht daher gut im Balkonkasten und auf der Kräutermauer. Die Blütenstände mit ihren weißen Blüten schmecken besonders fein.

RAGANI

ORIGANUM ONITES

Die kleinblättrige Staude kommt wild auf Kreta und den Griechischen Inseln vor. Ihr Aroma geht in eine feine fruchtige Richtung. Allerdings sollten Sie die Pflanze kühl und hell im Topf überwintern, da sie nicht so frosthart ist wie der Griechische Oregano. Im Sommer kultivieren Sie Ragani auf Balkon oder Terrasse oder senken die Pflanze mitsamt Topf im Beet ein.

VERBENEN-OREGANO

LIPPIA GRAVEOLENS

Der botanische Name zeigt es: diese Pflanze ist mit dem Zitronenstrauch verwandt und hat nichts mit Oregano gemein, außer ihrem scharfen Oregano ähnlichen Geschmack. In Mexiko würzen die Blätter des kleinen Strauches Chilis und Bohneneintöpfe. Die Topfpflanze mit ihren nach Honig duftenden kleinen Blüten überwintert frostfrei oder auf einer sonnigen Fensterbank im Zimmer und gedeiht im Sommer auf der Terrasse.

Majoran *ORIGANUM MAJORANA*

Rund ums Mittelmeer wächst Majoran als kleiner Strauch, bei uns gedeiht der Wärme bedürftige Lippenblütler meist nur einjährig. Das typische Leberwurst-Gewürz ist dem Oregano ganz nah verwandt, die geschmacklichen Übergänge zwischen beiden sind entsprechend fließend. Majoran besitzt kleine graufilzig behaarte eiförmige Blättchen. Sein wahres liebliches Aroma entdecken Sie, wenn Sie die Blätter und besonders die kugeligen Blütenknospen frisch verwenden.

Nur an einem warmen Platz in voller Sonne und in lockerem, magerem und auf gar keinen Fall zu nassem Boden gedeiht das mediterrane Kraut.

Säen Sie die staubfeinen Samen im März/April in einer Saatschale aus, nicht mit Erde bedecken, Lichtkeimer (Seite 24)! Erst nach den Eisheiligen dürfen Sie die Pflänzchen ins Beet pikieren.

Triebspitzen und Blätter können Sie laufend ernten. Kurz bevor sich die Blütenknospen öffnen, ernten Sie ganze Stängel zum Trocknen. Nicht zu tief schneiden, damit frische Triebe nachwachsen.

Majoran würzt traditionell Wurst und Fleisch, Gänsebraten, deftige Eintöpfe und Kartoffelaufläufe. Es passt gut zu Thymian und Bohnenkraut. Sparsam verwenden, auch getrocknet behält er ein kräftiges Aroma.

ITALIENISCHER MAJORAN

ORIGANUM X MAJORICUM

Aus einer Kreuzung von Oregano und Majoran ist diese robuste Pflanze entstanden. Sie sieht aus wie einjähriger Majoran, ist aber fast so winterhart wie Dost und schmeckt mild-aromatisch, nach einer Mischung beider Kräuter. Setzen Sie das Kraut in lockere humose Erde und decken Sie es im Winter leicht ab. Die Kreuzung produziert keine Samen und kann nur durch Stecklinge vermehrt werden.

MEXIKANISCHER OREGANO

POLIOMINTHA LONGIFLORA

Diese hübsche Zimmerpflanze war schon für die Hopi-Indianer ein wertvolles Gewürz. Heute dient der kleinblättrige Strauch wegen seiner hübschen weißen bis rosafarbigen röhrenförmigen Blüten in Texas und Mexiko als Zierpflanze. Blätter und Triebspitzen schmecken nach feinstem Oregano und lassen sich gut trocknen. Sonniger Standort und am besten im Sommer im Freien. Frostfrei, kühl und hell überwintern.

ARABISCHER MAJORAN, ZATAR

ORIGANUM SYRIACA

Zatar wächst in allen Wüstenländern des vorderen Orients und gehört mit seinem kräftigen Majoranaroma zum typischen Gewürz-Repertoire der arabischen Küche. Es ist wahrscheinlich das biblische „Ysop“. Die zarten, behaarten Blätter und weißen Blüten lassen sich gut trocknen. Kultivieren Sie die Pflanze im Topf an einem warmen sonnigen Platz. Frostfrei und hell überwintern.

Thymian *THYMUS VULGARIS*

Würzig und ein wenig scharf schmeckt dieser kleine mediterrane Halbstrauch. Thymian, wie Oregano ein Lippenblütler, wächst mit seinen dünnen, fast drahtigen Stängeln, den kleinen Blättchen und lilafarbigen Blütenköpfchen am besten auf einer warmen, trockenen Kräutermauer. Sie bekommen gelb- und weißbunte Sorten mit verschiedenen Aromen: Es gibt von Zitronenthymian über Lavendel-, Orangen- bis hin zum Kümmelthymian. Thymian ist ein ausgezeichnetes Hustenmittel.

Warm, sonnig und vor allem in lockerem, magerem und trockenen Boden übersteht Thymian nasskalte Winter. In lehmigem, nährstoffreichen Boden mischen Sie Kies, groben Sand oder Kalkmergel unter die Erde an der Pflanzstelle.

Säen Sie die staubfeinen Samen im März/April in eine Saatschale ohne Deckerde (Lichtkeimer, Seite 24). Wenn Sie groß genug zum Anfassen sind, pikieren Sie die Pflänzchen ins Beet. Einfacher ist die Vermehrung durch Stecklinge im Sommer (Seite 26).

Ernten Sie nach Bedarf junge Triebe. Im Mai/Juni, kurz vor der Blüte schneiden Sie die Pflanze um zwei Drittel zurück und hängen die Stängel in kleinen Bündeln zum Trocknen auf.

Thymian würzt traditionell Fleisch, Eintöpfe und ist unverzichtbar in der mediterranen Küche. Es harmoniert mit Oregano und Rosmarin. Als Tee wirkt Thymian als krampflösendes und keimtötendes Husten- und Gurgelmittel, und lindert Magen- und Darmkrämpfe.

ZITRONENTHYMIAN

THYMUS X CITRIODORUS 'AUREUS'

Aus einer Kreuzung von Thymian und Quendel sind viele Zitronenthymian-Sorten hervorgegangen. Es gibt kriechende und aufrechte, grünblättrige, weißbunte und – wie auf dem Foto – gelbbunte Formen. Im Zitronenthymian verbindet sich das herbe Thymianaroma mit einem erfrischendem Schuss „Zitrone", was gut zu Fisch, Geflügel, Eierspeisen und anderen Sommergerichten passt. Die Pflanze ist wärmebedürftig und empfindlich gegen nasse Füße.

KÜMMELTHYMIAN

THYMUS HERBA-BARONA

Seine Triebe mit den winzig kleinen dunkelgrünen Blättchen kriechen dekorativ über den Topfrand oder begrünen die Kräutermauer. Sein würziges Aroma dient in England traditionell als Fleischgewürz und hat eine kümmelige Note. Kümmelthymian ist sehr blühfreudig.

ORANGENTHYMIAN

THYMUS FRAGRANTISSIMUS

Grau-grüne Blättchen mit einem fruchtigen Aroma, das entfernt an Orangenschalen erinnert, bietet diese relativ robuste Art. Tees aus Orangenthymian schmecken sanfter und lieblicher als aus normalem Thymian.

Bohnenkraut *SATUREJA HORTENSIS* 'AROMATA'

Bohnenkraut bekommen Sie als einjährige Pflanze oder als leicht verholzende Staude, beides nah verwandte Lippenblütler. Einjährige Formen besitzen zarteres Laub und sind daher leichter zu verarbeiten, aber nicht ganz so würzig wie das mehrjährige Bergbohnenkraut. Beide Arten lassen sich sehr gut trocknen. Die einjährige Sorte 'Aromata' wächst buschig und gedrungen und schmeckt besonders intensiv. Bohnenkraut gilt in der Volksheilkunde als Krampf- und Husten lösendes Mittel.

Sommerbohnenkraut gedeiht an jedem sonnigen Platz in lockerem Boden. Am liebsten wächst das Kraut in Mischkultur mit Busch- und Stangenbohnen.

Säen Sie die feinen Samen mehrmals aus: ab April unter Folie, (die frostempfindlichen Pflänzchen erst nach den Eisheiligen ins Freie umsetzen) und ab Mai direkt ins Beet, gleichzeitig mit den Bohnen. Nur wenig mit Erde bedecken, Lichtkeimer (Seite 24)!

Einzelne frische Triebe ernten Sie nach Bedarf. Kurz bevor sich die Blütenknospen öffnen, entfalten die Blätter das beste Aroma. Schneiden Sie dann die ganzen Pflanzen ab, um sie gebündelt zum Trocknen aufzuhängen.

Bohnenkraut kochen Sie mit den Bohnen mit, es passt aber auch zu kräftigen Eintöpfen, Fleischgerichten und Wurst. Es ist Bestandteil der französischen Kräutermischung Fines Herbes. Als Tee und als Badezusatz wirkt das Kraut entspannend und schleimlösend.

BERGBOHNENKRAUT, WINTERBOHNENKRAUT

SATUREJA MONTANA

Das ausdauernde Bohnenkraut macht kaum Arbeit. Bis zu 50 cm hoch wächst der verästelte Halbstrauch an einem sonnigen Platz in kalkhaltigem, durchlässigen Boden. Die Blättchen schmecken intensiv und ein wenig beißend. Kochen Sie ganze Stängel samt Blättern und nehmen Sie diese wie Lorbeer vorm Servieren heraus.

ZITRONENBOHNENKRAUT

SATUREJA MONTANA SSP. CITRIODORA

Dieses mehrjährige Kraut sieht aus wie Bohnenkraut, ist auch Bohnenkraut, schmeckt aber anders. Das würzig-herbe und zitronige Aroma passt gut mit Zitronenthymian zusammen an leichte Geflügelgerichte und sommerliche Gemüse-Eintöpfe. Pflegen Sie diese Art genau wie das normale Bergbohnenkraut.

KRIECHENDES BOHNENKRAUT

SATUREJA SPICIGERA (S. REPANDRA)

Diese Bohnenkraut-Art bereichert Kräutermauern und Balkonkästen mit seinem kriechend-hängenden Wuchs. Die Blättchen sind kleiner als die anderer Arten und besitzt ein gutes Aroma. Überwintern Sie die Pflanze unter einer leichten Reisigdecke.

Salbei *SALVIA OFFICINALIS*

In den Klostergärten des Mittelalters zählte Salbei zu den wichtigsten Kräutern. Die Römer hatten den mediterranen Lippenblütler über die Alpen mitgebracht. Die Pflanze mit dem intensiven würzig-bitteren Aroma ist nicht nur Gewürz und Medizin, sondern auch Zierde und Zauberkraut. Besonders die buntlaubigen Sorten wie die abgebildete 'Tricolor' setzen Blickpunkte im Kräuterbeet. Salbeiblätter verleihen dem, der sie zu sich nimmt, auf magischem Weg ein gesundes und glückliches Leben.

Gönnen Sie ihm einen sonnigen Fleck und durchlässigen, kalkhaltigen Boden – der darf mager sein oder mittelmäßig nährstoffreich – und der Salbei fühlt sich wohl.

Am besten kaufen Sie sich ein Exemplar oder vermehren ihn im Sommer aus Stecklingen (Seite 26). Der robuste Halbstrauch wächst jahrelang am selben Fleck und wird im Frühling kräftig zurückgeschnitten.

Blätter können Sie das ganze Jahr über ernten. Auch die Blüten würzen und ergeben einen leckeren Tee. Zum Trocknen schneiden Sie die junge Triebe ab, kurz bevor sich die Blüten öffnen. Frischer Salbei schmeckt feiner als getrockneter.

Salbei würzt fette Fleischgericht und Pastasoßen. Nur in kleinen Mengen verwenden. Der Tee eignet sich zum Gurgeln gegen Halsschmerzen und Zahnfleischentzündung, ist antiseptisch und reguliert die Schweißbildung.

Salbei-Butter

Schneiden Sie frisch Salbeiblätter in ganz feine Streifen. Schenken Sie die Streifen einige Minuten lang in geschmolzener Butter. Mit frischem Rosmarin können Sie ebenso verfahren.
Diese flüssige Butter passt gut zu Gnocchi und gefüllten Pasta.

Salbeiblätter im Bierteig

Als würzige Dekoration gehören die fritierten Salbeiblätter zu Fleischgerichten oder Pasta-Gerichten mit Salbeibutter.

- 1 Eigelb • 1/8 Liter Bier
- 125 g Mehl • 1/8 Liter Pflanzenöl
- 1 Messerspitze Salz
- 1 steif geschlagenes Eiweiß

Alle Zutaten verrühren, zum Schluss auch den Eischnee. Salbeiblätter am Stiel anfassen, durch den Bierteig ziehen und in tiefem Fett knusprig backen. Abtropfen lassen und als Dekoration am Tellerrand drapieren.

DALMATINISCHER SALBEI

SALVIA OFFICINALIS SSP. MAJOR

Besonders große, rundliche Blätter und ein nur schwacher Blütenansatz machen diese Unterart zum besten Salbei für kulinarische Zwecke. Das Aroma ist sehr gut. Sie konservieren Salbei am besten, in dem Sie frische Blätter nebeneinander auf eine Alufolie legen, sie mit Olivenöl übergießen und mit einer weiteren Folie bedeckt einfrieren.

ANANAS-SALBEI

SALVIA RUTILANS

Mit samtweichen großen Blättern und feuerroten Blüten begeistert der frostempfindliche Salbei aus Mexiko alle Topfpflanzengärtner. Beim Zerreiben verströmen die Blätter einen süßen Duft nach Ananas, der schon fast künstlich riecht. In der Küche wird die Pflanze eher selten gebraucht, wenn höchstens als Teezutat. Auf jeden Fall ist sie eine hübsche Balkonblume oder Zimmerpflanze für sonnige Standorte.

Rosmarin *ROSMARINUS OFFICINALIS*

Gewürz, Hochzeitskranz, Herzwein, Badeduft, Zauberkraut – Rosmarin ist ein wahrer Tausendsassa unter den Kräutern. Griechen und Römer bekränzten ihre Götterbilder mit den Zweigen des bis zu 2 m hohen Strauches. Seine immergrünen, fast nadelartigen, Blätter und die hellblauen Lippenblüten duften würzig, fast weihrauchartig. Die meisten Rosmarine sind nicht frostfest, nur einige neue Züchtungen wie 'Arp', 'Hill Hardy ' oder 'Veitshöchheim' überleben den Winter im Freien unter einem Schutz aus Tannenreisig.

Im Garten geben Sie dem Strauch einen warmen Platz vor einer Südwand. Der Boden sollte mager, trocken sowie kalkhaltig und locker sein. Im Kübel gezogen kommt Rosmarin mit normaler Topfpflanzenerde und einer Dränageschicht aus Kies, oder Tonscherben am Topfboden gut zurecht.

Die Aussaat ist mühsam, kaufen Sie die Pflanzen einzeln und achten Sie auf kältetolerante Sorten. Oder nehmen Sie im Sommer Stecklinge von robusten Pflanzen (Seite 26).

Ernten Sie nach Bedarf Triebspitzen oder junge Seitentriebe. Zum Trocknen bündeln Sie während der Blüte ganze Zweige. Wie Lorbeerblätter werden Rosmarinzweige mitgekocht oder mitgebraten und vor dem Servieren wieder herausgenommen.

Rosmarin mit Weißwein und Knoblauch ist der Inbegriff mediterranen Aromas. Ein bis zwei Zweige aromatisieren einem halben Liter Öl. Der Tee regt als Badezusatz den Kreislauf an, und Rosmarinwein stärkt das Herz bei Liebeskummer.

Kriechender Rosmarin

ROSMARINUS OFFICINALIS

Hängend wachsende Sorten wie 'Santa Barbara' oder 'Boule' schlängeln sich bizarr über den Topfrand und sehen auch als Jungpflanzen schon irgendwie alt und knorrig aus. Leider brauchen die meisten kriechenden Rosmarine mehr Wärme als ihre aufrechten Schwestern und müssen daher frostfrei überwintert werden.

Rosmarinöl

- 1/2 Liter kaltgepresstes Olivenöl oder Sonnenblumenöl
- 2–3 Zweige frischer Rosmarin oder 2–3 EL getrockneter Rosmarin

Dieses Rezept können Sie mit allen mediterranen Kräutern wie Thymian, Bohnenkraut, Oregano, Majoran, Basilikum oder aus einer Mischung dieser Kräuter zubereiten!

Öl verträgt sich nicht mit Wasser, daher müssen die Kräuter völlig trocken sein. Nach dem Waschen tupfen Sie die Zweige ab und lassen sie dann so lange ausgebreitet im Schatten liegen, bis sie wirklich trocken sind. Stecken Sie die Zweige in eine Schraubdeckelflasche und füllen Sie das Öl auf. Alle Pflanzenteile müssen bedeckt sein, sonst schimmeln sie. Stellen Sie das Öl an einen warmen und hellen aber nicht vollsonnigen Platz und lassen Sie es drei Wochen lang ziehen. Die Kräuterzweige bleiben in der Flasche, bis Sie diese anbrechen. Dann filtern Sie das Öl durch ein Sieb ab.

BLAUE TRÄUME

Blau ist die Farbe der Sehnsucht, der Träume, der Ferne und der Romantik. Angefangen von verschiedenen Lavendelsorten in zarten Violett- bis dunklen Blautönen über lilablauen Ysop (*Hyssopus*), Drachenkopf (*Dracocephalum*), und Blauraute (*Perovskia*), bis hin zu zartblauem Rosmarin und den Blütenköpfchen des Schnittlauch verleihen blaue Blumen Ihrem Garten geheimnisvollen Charme. Reines Blau ist als Blütenfarbe selten zu finden, aber Einjährige wie Kornblumen, Jungfer im Grünen und Borretsch lassen ihre knall- oder himmelblauen Blüten auf schlanken Stängeln über den Beeten schweben und die Wegwarte gedeiht geduldig am Wegrand.

Wegwarte

1

2

3

1 Lavendel · 2 Kornblumen
3 Drachenkopf

4 Rosmarin · 5 Ysop · 6 Lavendelblüte · 7 Salbei
8 Schnittlauch · 9 Jungfer im Grünen · 10 Borretsch

Pfefferminze *MENTHA X PIPERITA*

Zahlreiche Minze-Arten stammen aus Mitteleuropa, und in Kultur haben sich die Lippenblütler so munter gekreuzt, dass Sie heute ein riesiges Sortiment vorfinden. Es gibt mentholhaltige Minzen mit dem typischen scharfen kühlenden Aroma wie Pfefferminze, Spearminze, Apfelminze und sanfter schmeckende mentholarme Arten wie Orangenminze, Poleiminze oder Korsische Minze. Mentholhaltige Minzen lösen Krämpfe und betäuben ganz leicht, daher rührt das Kältegefühl auf Haut und Zunge.

Im Halbschatten an einem eher kühlen Platz und in feucht-humosem, nahrhaften Boden breiten sich alle Minzen üppig aus.

Viele Kulturminzen, auch die Pfefferminzen, bilden keine Samen. Die Vermehrung erfolgt durch Ausläufer, die im April flach in gelockerten Boden gedrückt werden. Sie verhindern unerwünschte Ausläuferbildung, indem Sie die Pflanzen in einen 30 cm tief in den Boden reichenden Kragen aus Teichfolie setzen.

Triebspitzen und Blätter können Sie laufend ernten. Kurz bevor sich die Blütenknospen öffnen, schneiden Sie ganze Stängel zum Trocknen (Seite 35 und 44). Frische Blätter ergeben einen wesentlich feineren Tee als getrocknete.

Mentholhaltige Pfefferminze wirkt zuerst kühlend, dann innerlich erwärmend und hilft als Tee gegen Magen- und Darmverstimmungen (Seite 55). Das Öl lindert äußerlich angewendet Kopfweh und Husten. In der arabischen Küche würzt man Fleisch mit Minze, in England entsteht aus der Spearmint die berühmte Mintsauce. Bei uns wird sie zu Tee und Nachspeisen verarbeitet.

KENTUCKY-SPEARMINT

MENTHA X CORDIFOLIA

Aus einer Kreuzung von Apfelminze (*M. rotundifolia*) und Spearminze entstand diese Art, die sich mit ihrem fruchtigen Kaugummigeschmack besonders als Teekraut und als Grundlage für englische Mintsaucen eignet. Ganz ähnlich können Sie die Spearminze (*M. spicata*) selbst und die verschiedenen Formen der Krauseminze (*M. spicata var. crispa*) mit ihren hellgrünen gekrausten Blättern in der Küche einsetzen.

GARTENBERGMINZE

CALAMINTHA GRANDIFLORA

Wer die Minzenausläufer, die kaum im Zaum zu halten sind, gründlich satt hat, sollte einmal Bergminzen mit ihrem minzeähnlichen Aroma testen. Die Lippenblütler wachsen aufrecht und schmücken sich den ganzen Sommer lang mit kleinen rosa Blüten. Im Mittelalter galten sie als Salatpflanzen. Bergminzen lieben warme Plätze in feuchtem, lockeren Boden und sie wuchern nicht.

Melisse *MELISSA OFFICINALIS*

Die Zitronenmelisse stammt aus dem vorderen Orient und wurde schon im Mittelalter hoch verehrt als universelle Heilpflanze für Gemüt und Herz. Heute erinnert noch der Melissengeist an ihre berühmte Vergangenheit. Als Teekraut für zitronenduftende Kindertees und als Gewürz ist der ausdauernde Lippenblütler nicht mehr wegzudenken. Sogar als Schmuckstaude machen buntblättrige Melissen wie die Sorte 'Variegeta' eine gute Figur.

Geben Sie der Melisse einen sonnigen oder halbschattigen Platz. Der Boden sollte mittelmäßig nährstoffreich und nicht zu trocken sein. Buntblättrige Sorten wollen in der Sonne wachsen.

Grünlaubige Melissen säen Sie im April. Sie brauchen nur wenige Pflanzen. Buntblättrige Exemplare können Sie nur durch Stecklinge oder Absenker oder durch Teilung in Herbst oder Frühling vermehren.

Junge Triebspitzen und Blätter ernten Sie laufend. Ältere Blätter werden leicht bitter. Melissen schmecken nur frisch, getrocknet verlieren sie ihr Aroma. Wenn Sie Blätter und Blüten in 50 %igen Trinkalkohol einlegen, sozusagen als Melissengeist, können Sie den heilsamen Geist der Pflanze am besten aufbewahren.

Zitronenmelisse ist das Teekraut für gesunde erfrischende Sommertees und besonders als Kindertee zu empfehlen. Fein gehackt passen die Blätter zu Salaten, Kräutersoßen, Gemüsegerichten. Melissengeist wirkt gegen Verdauungsbeschwerden, Erschöpfung, grippale Infekte und regt den Kreislauf an.

WEIßE MELISSE, ZITRONEN-KATZENMINZE

NEPETA CATARIA* VAR. *CITRIODORA

Die heimische Variante der Zitronenmelisse wirkt insgesamt wilder als diese: Ihre dunkelgrünen Blätter schmecken etwas herber, lassen sich aber trocknen, ohne völlig ihr Aroma einzubüßen! Die Staude, eine nahe Verwandte der Katzenminze, ist robust und wächst überall, auch im Schatten, aber sie lebt nur wenige Jahre. Dafür samt sie sich reichlich von alleine aus in der winzigsten Pflasterfuge.

INDIANERNESSEL, GOLDNESSEL

MONARDA DIDYMA

Als robuste Staude, kennt man diesen Lippenblütler, der im Spätsommer seine je nach Sorte rot-, rosa- oder lila gefärbten Blütenbüschel öffnet. Viel zu wenige Gärtner verwenden die aromatischen Blätter als Teekraut. Sie schmecken erfrischend nach Bergamott-Orange, ähnlich wie Earl-Grey-Tee. Goldnesseln brauchen feuchten, lockeren Boden und einen Platz im Halbschatten, sonst leiden sie unter Mehltau (weiße Flecken auf den Blättern).

Estragon *ARTEMISIA DRACUNCULUS* VAR. *SATIVA*

Ursprünglich aus Asien stammend, wurde der Estragon angeblich von Kreuzfahrern nach Europa gebracht. Das Kraut trug man im Mittelalter noch im Gewand, denn es sollte vor Schlangenbissen schützen. Heute gehört der Korbblütler mit seinem lakritz- oder anisähnlichem Aroma in edle Kräutermischungen. Häufig bekommt man Russischen Estragon angeboten, er wuchert wie wild, besitzt aber kaum Aroma. Nur die etwas zierlicheren Französischen und Deutschen Estragonarten enthalten das wohlschmeckende ätherisches Öl Estragol.

Der bis 1,50 m hoch wachsende ausdauernde Estragon braucht Platz, um sich mit Ausläufern zu verbreiten. Er mag einen sonnigen Standort in humoser, feuchter und mittelmäßig nährstoffreicher Erde. Keine Staunässe!

Der echte, aromatische Estragon lässt sich nicht mit Samen vermehren. Sie können im Herbst und Frühjahr Ausläufer abtrennen und flach einpflanzen (Seite 25).

Ernten Sie nach Bedarf, schon im April schmecken die ganz jungen Triebspitzen hervorragend. Beim Trocknen geht viel vom feinen Aroma verloren. Frieren Sie lieber kleine Portionen in Eiswürfelbehältern ein.

In kleinen Mengen würzt das hocharomatische Kraut Fisch und Geflügel und gehört in die wichtigsten Gewürzmischungen der französischen Küche. Berühmt ist auch Sauce Bearnaise, Estragonsenf und -essig. Estragon wirkt harntreibend und fördert die Verdauung.

ANIS-AGASTACHE, ANIS-DUFTNESSEL

AGASTACHE FOENICULUM

Dieser schlanke Lippenblütler mit den rosa-violetten, von Bienen umschwärmten Blütenkerzen gehört ins Staudenbeet, so dekorativ sieht die kurzlebige Staude aus. Sie samt sich von selber aus. Ihre herzförmigen Blätter duften und schmecken nach Anis oder Lakritze und lassen sich frisch geerntet ähnlich verwenden wie Estragon. Die nordamerikanischen Indianer kochten Tee daraus.

ANIS-GOLDRUTE

SOLIDAGO ODORA

Die zierliche Verwandte der normalen Goldrute stammt aus Amerika und besitzt als Tee die gleichen heilsamen Wirkungen auf Niere und Blase, nur schmeckt sie auch noch lecker - nach Lakritze. Die Staude liebt sonnige, warme Plätze auf leichtem Boden. Sie wächst 60 cm hoch und ab Juli erscheinen gelbe Blütenstände, die erstaunlich lange blühen. Ein köstliches, gesundes und dekoratives Kraut!

MEXIKANISCHE GEWÜRZTAGETES

TAGETES LUCIDA

Dieser zauberhafte Estragon-Ersatz besticht mit gold-orange gefärbten Büscheln voller winziger Blüten und feinem Lakritzaroma. Den Azteken war die Tagetes mit ihren schmalen Blättchen heilig. Als Tee wurde sie auch gegen Erkältungen und andere Unbilden eingesetzt. Geben Sie dem Kraut einen warmen, sonnigen Platz in magerem Boden und überwintern Sie es frostfrei oder unter einer wärmenden Schicht Laub.

Jungfer im Grünen

NIGELLA DAMASCENA

Süßes, Waldmeister-ähnliches Aroma findet man in vielen Pflanzen wie Duftgras oder Steinklee, wo es beim Trocknen für den typischen Heuduft sorgt oder in den kleinen schwarzen Samen der Jungfer im Grünen, deren blaue Blüten von filigranen Kelchblättern gekrönt werden. Die Samen des einjährigen Hahnenfußgewächses dienen zum Aromatisieren von Kosmetika. Als Pfefferersatz, Heilpflanze für Frauenleiden und Gewürz werden dagegen die Samen des verwandten Schwarzkümmels *Nigella sativa* im nahen Osten verwendet.

Die Jungfer im Grünen wie auch der Schwarzkümmel bleiben filigran und schlank und lassen sich hervorragend als 30 cm hoher Mischkulturpartner zwischen alle Gemüse- und Salatarten säen. Sie brauchen Sonne und lockeren Boden, sind sonst aber anspruchslos.

Säen Sie ab März direkt ins Beet. Weder Frost noch Schnecken können ihr etwas anhaben, sie samen sich reichlich von alleine aus.

Lassen Sie die dekorativen Samenkapseln reifen, bis sie anfangen zu vergilben. Die Stängel werden kopfüber in einen Stoffsack zum Nachtrocknen gehängt. Dann klopfen Sie die restlichen Körner aus den ballonartigen Balgfrüchten aus.

Die süßlichen Samen der *N. damascena* schmecken gut, sind aber leicht giftig. Auf türkischem Fladenbrot und anderem Gebäck, findet man neben Sesam die Samen des Schwarzkümmels mit würzig-fruchtigem Geschmack.

WALDMEISTER

GALIUM ODORATUM

Endlich ein Kraut für schattige Plätze unter Bäumen und auf feuchten humosen Boden. Setzen Sie die Staude in Laubhumus oder Kompost, dann breitet sie sich fleißig durch Ausläufer aus. Im Mai, wenn die weißen Blüten über den Blattquirlen erscheinen, ist Erntezeit. Das warme, süße Aroma entfaltet sich erst, wenn die Blätter welken. Waldmeister verdünnt das Blut und wirkt in kleinen Mengen als Tee genossen krampflösend, besonders bei Kopfschmerzen.

Waldmeisterbowle

Waldmeister gehörte schon zu Zeiten unserer heidnischer Ahnen zu den Rauschgetränken, die in der Walpurgisnacht getrunken wurden.
Sammeln Sie an einem warmen Tag ein dickes Sträußchen von blühendem Waldmeister. Binden Sie ihn zusammen und legen Sie ihn etwa drei Stunden lang bei Zimmertemperatur in einen guten Weißwein. Je länger der Waldmeister im Wein schwimmt, desto berauschender wirkt die Bowle.
Vorsicht: Trinken Sie zuviel davon, droht Ihnen am nächsten Tag schlimmes Kopfweh!
Mit Mineralwasser, Sekt, oder auch Säften entschärfen Sie die Bowle und verleihen ihr spritzige Geschmacksnoten.

Liebstöckel *LEVISTICUM OFFICINALIS*

Liebstöckel stammt aus Südeuropa und Vorderasien und wurde, wie auch andere Doldenblütler, im 16. Jahrhundert als Aphrodisiakum geschätzt. 1880 entwickelte der süddeutsche Müller Julius Maggi daraus die berühmte Flüssigwürze, das Maggi. Bis 2 m hoch ragen die großen gelblichen Blütenschirme in die Luft. Eine einzige Pflanze reicht für eine Großfamilie, denn das Aroma der derben, mehrfach gefiederten Blätter ist ausgesprochen kräftig.

In Sonne oder Halbschatten und nährstoffreichem lockerem Boden kann eine Liebstöckelstaude über 10 Jahre alt werden. Sie braucht allerdings etwa einen Quadratmeter Platz.

Die Samen keimen nur gut, wenn sie frisch sind. Am besten Sie suchen in der Nachbarschaft eine fruchtende Pflanze, lassen sich im August reife Samen geben und säen sie sofort oder im nächsten Frühjahr aus. Oder Sie kaufen beim Gärtner ein Exemplar. Liebstöckl samt sich in Maßen von alleine aus.

Alle Pflanzenteile, angefangen vom kräftigen Wurzelstock über die Blätter, Blüten und Samen schmecken würzig und sellerie-ähnlich. Getrocknete Blätter verlieren etwa nach einem halben Jahr ihr Aroma.

Maggikraut aromatisiert frisch und getrocknet schon in kleinen Mengen salzige Speisen und schmeckt leicht vordringlich. Es wirkt harntreibend und löst Blähungen.

MEERRETTICH
ARMORACIA RUSTICANA

Die feingeriebenen weißen Pfahlwurzeln schmecken scharf, beißend und aromatisch. Mit Sahne oder Apfelmus gemischt gehört Meerrettich unbedingt zu Fleischspeisen wie Tafelspitz oder geräuchertem Fisch. Die wuchernde Staude mit ihren großen länglichen Blättern gewinnt keine Schönheitswettbewerbe und sollte in eine stille Ecke mit lockerem leichten Boden verbannt werden. Mit frischen jungen Blättern können Sie das ganze Jahr über würzen, die Wurzeln besitzen im Herbst das beste Aroma. Sie werden im Oktober ausgegraben und getrocknet. Vermehren Sie die Pflanze gleich nach der Ernte über Wurzelschnittlinge (Seite 27).

BOCKSHORNKLEE
TRIGONELLA FOENUM-GRAECUM

Die Samen des Bockshornklees sind wichtige Bestandteile der indischen Currys und besitzen vielfältige medizinische Wirkungen. Sie senken Fieber, lindern Magenschleimhautentzündung, steigern die Milchbildung bei Müttern und helfen gegen verschiedenen Frauenleiden. Der etwa 80 cm hohe einjährige Schmetterlingsblütler mit seinen dreizähligen Blättern gedeiht im Garten. Säen Sie die Samen ab April in Töpfe oder ab Mai ins Freiland. Auch die Blätter würzen.

Lorbeer *LAURUS NOBILIS*

Lorbeerkränze schmückten das Haupt siegreicher Athleten im alten Griechenland, und das Orakel von Delphi versetzte sich vermutlich mit dem Rauch von Lorbeer und Bilsenkraut in Trance, um die Zukunft zu erblicken. Im Mittelalter krönte man Gelehrte mit den duftenden Zweigen – heute landen die herben, leicht bitteren und äußerst würzigen Blätter in jeder herzhaften Suppe. Das Lorbeergewächs ragt in seinen heimischen mediterranen Hartlaubwäldern bis 10 m hoch in den Himmel, bei uns gedeiht der dekorative, aber frostempfindliche Baum nur im Kübel.

Geben Sie Ihrem Lorbeerstrauch einen großen Topf mit gutem Topfpflanzensubstrat. Im Sommer liebt der Busch einen windgeschützten Platz in der Sonne. Im Winter braucht er einen gerade frostfreien und hellen Platz.

Vermehren Sie Lorbeer durch Stecklinge (Seite 26). Die frisch angeschnittenen Schnittflächen tauchen Sie vor dem Stecken in Bewurzelungspulver. Sehr schön lassen sich Lorbeerbäume in kegelige Formen oder Kugelbäumchen schneiden.

Die ledrigen Blätter lassen sich gut trocknen. Wozu aber pflegt man einen Lorbeerbaum, wenn nicht, um das ganze Jahr über frische Blätter nach Bedarf ernten zu können!

Lorbeer gehört zum Bouquet garni. Er sollte lange in Fonds und Suppen mitkochen, denn die harten Blätter geben ihr Aroma erst nach einiger Zeit frei. Sie werden vor dem Verzehr aus dem Essen gefischt. Herzhafte und besonders saure Speisen gewinnen sehr durch zurückhaltend dosierte Lorbeerblätter.

WACHOLDER
JUNIPERUS COMMUNIS

Schlanke dunkelgrüne Wacholder-Säulen prägen das Bild urtümlicher Heide- und Moorlandschaften. Die alten Germanen verehrten die bizarren Baumgestalten und räucherten mit den schwarzen Beeren. Diese verleihen Suppen und Saucen ihr würziges, etwas harzig schmeckendes Aroma, müssen aber lange gekocht werden. Gesund sind sie auch: Kurmäßig eingenommen entwässern sie kräftig und reinigen das Blut. Ein Wacholder gedeiht problemlos im Garten, unterstützt aber die Verbreitung des Birnengitterrostes, der Pilz der für die orangefarbigen Flecken auf Birnenblättern verantwortlich ist.

Beifuß *ARTEMISIA VULGARIS*

An trockenen Wegrändern gedeiht bei uns wilder Beifuß mit seinen gefiederten und unterseits weiß behaarten Blättern. Die verschiedenen Beifußarten gelten seit Urzeiten in Europa, Asien und in Nordamerika als wertvolle Heilpflanzen. Den Germanen war die 2 m hohe Staude heilig: Sie gürteten sich zur Sonnwendfeier mit ihren Zweigen, die am Ende ins Feuer geworfen, alle Krankheiten und bösen Geister mit sich nehmen und verbrennen sollten. Die Römer legten sich Beifußblätter in die Schuhe, um beim Wandern nicht so schnell zu ermüden. Im Mittelalter trug man ein Amulett aus Beifuß, das jeglichen bösen Zauber auf seinen Verursacher zurückwerfen sollte.

Der Korbblütler liebt sonnige, warme Standorte auf magerem, durchlässigen, eher trockenem Boden.

Sie können Beifuß im Frühling aussäen, aber praktischer ist es, sich eine Pflanze beim Gärtner zu kaufen. Sie samt sich willig von alleine aus. Die dicken Wurzelstöcke älterer Stauden können Sie im Frühjahr mit einem beherzten Spatenstich teilen.

Ernten Sie ganze Zweige, kurz bevor sich die unscheinbaren gelblichen Blütenköpfe im Juli öffnen. Zum Würzen verwenden Sie nur die herb-würzig schmeckenden Blütenstände, für medizinische Zwecken ganze Triebspitzen samt Blütenknospen.

Beifuß erleichtert die Fettverdauung und wird traditionell zu Gänsebraten und anderen fetten Fleischsorten gegeben. Beifuß als Tee getrunken treibt den Harn, besänftigt Magen- und Darmverstimmungen und hilft gegen typische Frauenbeschwerden wie z. B. Menstruationsstörungen.

Weinraute
RUTA GRAVEOLENS

Heimisch in Südeuropa gedeiht der Halbstrauch mit seinen hübschen graugrünen Blättern auf warmen trockenen Sonnenplätzen wie der Kräutermauer. Die gelben Blüten des Rautengewächses erscheinen im Sommer. Früher als wichtige Heilpflanze und als liebeslust-dämpfendes Mittel gelobt, finden die eigenartig streng duftenden Blätter heute selten Anwendung. Ihr Geruch soll immerhin Katzen und Marder abschrecken.

Eberraute
ARTEMISIA ABROTANUM

Die „Stabewurz" wie die Eberraute im Mittelalter hieß sollte ganz im Gegensatz zur Weinraute müde Männer munter machen und Kindern unters Kissen gelegt sanfte Träume schenken. Dass die filigranen graugrünen zitronig bis würzig duftenden Blätter Motten aus Kleiderschränken vertreiben, ist verbürgt. Der Halbstrauch lässt sich durch Steckhölzer im Frühling kinderleicht vermehren und hervorragend als niedrige Hecke erziehen.

Tripmadam *SEDUM REFLEXUM*

Sedum-Arten sprießen aus jeder Mauerfuge und besiedeln noch die trockensten Winkel. Tripmadam, im Volksmund auch als Fetthenne bekannt, ist die ideale Pflanze für eine sonnige Kräutermauer. Ihre spitzen fleischigen Blättchen bleiben auch im Winter grün. Fein gehackt verleihen die fleischigen Triebe Salat einen eigenwilligen frischen Geschmack mit leichtem Bitteraroma. Besonders in der französischen Küche wird die Pflanze gerne verwendet.

Das Dickblattgewächs liebt sonnige, warme Standorte auf magerem, durchlässigen Boden. Ideal für Steingarten und Trockenmauer.

Eine Aussaat lohnt sich bei Tripmadam nicht. Die Pflanze lässt sich aber spielend durch Stecklinge vermehren, da jeder Pflanzenteil gut anwurzelt..

Blättchen und Triebspitzen können frisch als Gewürz für Salate, Soßen und Suppen verwendet werden. Geerntet wird das ganze Jahr, verwendet werden nicht blühende Pflanzen. Konservierung ist nicht sinnvoll.

Tripmadam spielt in der Pflanzenheilkunde keine große Rolle. Sie enthält Gerbstoffe gegen Bluthochdruck. Für den leicht säuerlichen Geschmack ist die Iso-Zitronensäure verantwortlich.

PORTULAK

PORTULACA OLERACEA

Seit Jahrhunderten in Indien, Vorderasien und Südeuropa als Gewürz und Gemüse kultiviert. Portulak benötigt einen warmen sonnigen Platz auf sandigem Boden, ausgesät wird ab Mitte Mai.

Die fleischigen Blätter enthalten hohe Mengen an Omega-3-Fettsäuren. Diese schützen das Herz und stärken das Immunsystem. In der Küche frisch als Salat oder gekocht wie Spinat.

EISKRAUT

MESEMBRYANTHEMUM CRYSTALLINUM

Die kleine sukkulente Pflanze stammt aus wüstenartigen Regionen Südafrikas. Bildungen auf ihrer Außenhaut lassen die Einjährige mit dem leicht salzigen Geschmack aussehen wie mit rauhreif oder Eiskristallen bedeckt, daher stammt auch ihr Name. Diese Steingartenpflanze, die einen sehr sonnigen trockenen Platz liebt, wurde früher in Gewächshäusern als Sommerspinat mit zarten saftigen Blättern angebaut.

AUSDAUERNDES EISKRAUT

APTENIA CORDIFOLIA

Das kriechende Mittagsblumengewächs ähnelt dem einjährigen Eiskraut, seine leuchtend roten Blüten fallen aber mehr auf als die zart rosafarbigen der einjährigen Schwester. Als saftige, zarte und erfrischende Beigabe zum Salat schmecken Blüten und Blätter hervorragend und ersetzen Portulak. Halten Sie die Sukkulente in einem Topf auf der sonnigen Fensterbank, in trockener und magerer Erde.

Zitronenverbene *ALOYSIA TRIPHYLLA*

Herrlich sanftes und süßes Zitronenaroma umweht jeden, der die rauen Blätter dieses südamerikanischen Strauches streift. Sie stehen immer zu dritt um den kantigen Stängel herum. Im Hochsommer erscheinen Blütenrispen mit winzigen weißen Blüten, die nach Honig duften. Der Tee aus den Blättern schmeckt köstlich und wie Zitronengras passt dieses Kraut gut zu asiatischen Speisen. Das Duftöl „Eisenkraut" oder „Verveine" stammt von diesem Verbenengewächs und nicht vom echten Eisenkraut (*Verbena officinalis*).

Ab Mitte Mai steht der Zitronenstrauch in einem großen Topf mit normaler Blumenerde an einem sonnigen Platz auf der Terrasse. Regelmäßig düngen und nicht austrocknen lassen. Sie können ihn auch im Beet auspflanzen. Überwintern Sie die Pflanze sehr kühl, aber frostfrei. Sie verliert dann ihre Blätter.

Samen sind nicht zu bekommen, Stecklinge bewurzeln leicht. Die beste Zeit dazu ist der Sommer (Seite 26).

Blätter und Triebe können Sie jederzeit ernten. Zum Trocknen schneiden Sie zu Beginn der Blüte ganze Zweige ab. Später zupfen Sie die getrockneten Blätter von den Zweigen. Der Busch treibt nach der ersten Ernte noch einmal durch.

Das Zitronenkraut dient als Gewürz und als erfrischender Tee. Besonders Kinder lieben ihn.

ZITRONENGRAS

CYMBOPOGON CITRATUS

Keine Thaiküche ohne Zitronengras! Das asiatische Gras gedeiht im Topf am warmen, sonnigen Platz. Halten Sie die sehr nahrhafte Erde so feucht, dass stets Wasser im Untersetzer steht. Überwintern Sie wahlweise warm und hell oder kühl (dann aber wenig wässern!). Die rauen Blätter werden nur frisch verwendet, getrocknet verlieren sie ihr Aroma. Die Blätter werden wie Lorbeer mitgekocht.

DUFTPELARGONIE

PELARGONIUM CITRONELLUM, P. CRISPUM

Es gibt viele Duftpelargonien, deren Blätter erfrischend nach Zitrone duften. Bekannt sind unter anderen die sehr zitronig schmeckenden Sorten 'Prince Ruppert', 'Lemon Fancy', 'Mable Grey'. Die frischen weichen, gelappten Blätter können Sie als Tee und Gewürz einsetzen. Duftpelargonien sind robuste Zimmer- und Kübelpflanzen für sonnige Plätze.

Zitronentagetes *TAGETES TENUIFOLIA*

Tagetes kennt man als Sommerblumen mit dicken bunten Blütenpompons und eigenartigem Geruch. Farbenfroh gibt sich auch die Zitronentagetes, die kompakten Pflanzen sind übersät mit kleinen zierlichen Blüten. Sowohl die filigran gefiederten Blätter wie auch die gelben oder orangefarbigen Blüten duften beim Zerreiben angenehm nach Mandarinenschalen. Als Tee, Punschgewürz, in Süßspeisen oder auch als essbare Dekoration bringt der einjährige Korbblütler leuchtende Farbtupfer in den Garten und auf den Balkon.

Tagetes wünscht lockere nahrhafte Erde und vor allem einen sonnigen, möglichst warmen Platz. Dann blüht sie reichlich. Im Balkonkasten braucht die Pflanze regelmäßige Düngergaben.

Säen Sie die länglichen Samen ab Anfang April im Warmen aus, nur ganz dünn mit Erde bedecken (Lichtkeimer, Seite 24). Ab Mitte Mai, wenn keine Nachtfröste mehr drohen, pflanzen Sie die Tagetes ins Beet oder in einen Balkonkasten. Zupfen Sie regelmäßig Verblühtes aus.

Das ungewöhnliche Gewürz ernten Sie nur frisch. Damit Blätter und Blüten viel Aroma produzieren, achten Sie auf einen wirklich sonnigen Standort.

Als Teekraut passt Tagetes besonders gut zu Zitronenverbene oder Zitronengras. Zusammen mit ein oder zwei Blättern der zuckersüßen Stevia (*Stevia rebaudiana*) ergeben die Zitronenkräuter einen erfrischenden Kindertee.

ZITRONENKRAUT

SATUREJA BIFLORA

Die Verwandte des Bohnenkrautes besitzt kleine rundliche Blätter und weiße Blütchen. Auf einem sonnigen Beet im Balkonkasten oder im Gewächshaus lohnt es sich, ab Mitte Mai eine Reihe der staubfeinen Samen auszubringen. Duft und Geschmack der Blätter sind unübertroffen zitronig und verlieren sich auch beim Trocknen nicht.

ZITRONEN-AGASTACHE 'TORONJIL MORADO'

AGASTACHE MEXICANA

Diese besondere Selektion der Agastache mit ihren leuchtend magentafarbigen Blütenähren besticht durch ihr wunderbares Zitronenaroma. Die weichen Blätter würzen Salate und Süßspeisen. Sie sollten weder gekocht noch getrocknet werden. Kaufen oder vermehren Sie die frostempfindliche kleine Kübelpflanze im August/September durch Stecklinge.

ZITRUS

Ob als Gewürz in Thai-Gerichten, Kuchen-Aroma oder als erfrischender Pfiff bei erfrischenden Getränken – natürliches Zitronenaroma darf in der guten Küche nicht fehlen. Wer mit einer sonnigen Terrasse und hellen, kühlen Räumen für den Winter gesegnet ist, kann sich ein echtes Zitronenbäumchen (*Citrus limon*) im Kübel halten. Bei richtiger Pflege bringt es jahrelang duftende Blüten und saftige gelbe Früchte hervor. Wie alle anderen Zitrusfrüchte will auch die Kaffir-Limette (*Citrus hystrix*) gepflegt werden. Ihre Blätter verleihen – mitgekocht wie Lorbeer –, Asia-Gerichten den typisch würzigen Geschmack.

Kräuter, die intensives Zitronenschalen-Aroma verströmen, lassen sich leicht in Topf oder Beet anbauen und machen im Gegensatz zu Zitrusbäumen wenig Arbeit. Besonders rein nach Zitrone schmecken Zitronenbohnenkraut, Verveine und Toronjil Morado. Das exotische Zitronengras verleiht den Speisen zusätzlich Schärfe; Zitronenbasilikum oder -thymian sorgen für würzige Noten. Die Blüten der Zitronentagetes schmecken dagegen nach Mandarinen und bereichern Süßspeisen.

Zitronenbuttermilch

Eine Triebspitze Zitronenmelisse oder Zitronen-Katzenminze und einige Blättchen der Orangentagetes sehr fein wiegen und in einem Glas Buttermilch einige Stunden im Kühlscharnk ziehen lassen. Honig nach Geschmack zugeben.

1

2

1 Zitrone · 2 Blüte Citrus „Limon Meyer“

Zitronenwasser

In einer Glas-Karaffe je einen Zweig Zitronenverbene und Agastache in kaltem Wasser ziehen lassen. Eiswürfel und nach Belieben einen Spritzer Zitronensaft zugeben.

3 Zitronengras · 4 Zitronen und Limetten · 5 Afrikanisches Zitronenkraut

Koriander *CORIANDRUM SATIVUM*

Man liebt oder verabscheut sie: Korianderblätter mit ihrem süßlichen, leicht erdigen Geschmack. In Asien und Südamerika sind Korianderblätter ein unverzichtbares Gewürz wie bei uns die Petersilie. Den eigenartigen Geschmack des einjährigen Doldenblütlers findet man auch in anderen tropischen Pflanzen, die aber mit Koriander überhaupt nicht verwandt sind. Die Koriandersamen kennen wir als Brotgewürz.

Ein warmer, sonniger Platz mit mittelmäßig nahrhaften, aber lockerem Boden reicht den filigranen Pflanzen. Auch im Balkonkasten gedeiht Blattkoriander.

Säen Sie die Samen ab April in 1 cm tiefe Rillen. Möchten Sie Körner ernten, dünnen Sie die Pflanzen auf 15 cm Abstand zu allen Seiten aus. Blattkoriander kann dichter wachsen, da er bald abgeschnitten wird.

Blätter ernten Sie nach Bedarf, die Samen wenn sie gerade reif sind. Säen Sie alle drei Wochen eine neue Reihe aus, wenn Sie fortlaufend Blätter ernten möchten.

Die Körner werden bei uns als Brotgewürz verwendet. Aus der Küche des Balkans und des Orients sind sie nicht wegzudenken. Die Blätter streut man in ganz Asien und Südamerika frisch auf viele Speisen. Koriander hilft mit Honig zerstoßen gegen Husten.

QUILLQUINA

PORPHYLLUM RUDERALE

Lilafarbige Stängel, graugrüne Blätter mit deutlich sichtbaren Öldrüsen am Blattrand und seltsame, blütenblattlose Korbblüten zeichnen diese südamerikanische Pflanze aus. In Bolivien ist es ein alltägliches Kraut, das mit gutem korianderähnlichen Aroma Salsa, Pesto und Salat würzt. Sie können Quilli ab Februar im Warmen aussäen und ab Mitte Mai ins Beet pflanzen oder im Topf halten.

VAP CA

HOUTTUYNIA CORDATA

Ihre herzförmigen Blätter mit rötlichem Rand machen die Vietnamesin aus der Familie der Echsenschwanzgewächse zu einer hübschen, Ausläufer bildenden Zierpflanze für sonnige, Standorte in feuchter bis nasser Erde. In warmen Gegenden überlebt die Pflanze den Winter mit etwas Schutz aus Reisig. Sie lässt sich aber auch als Zimmerpflanze ziehen. Ihre Blätter schmecken korianderähnlich und zitronig.

CULENTRO

ERYNGIUM FOETIDUM

Die kleine thailändische Pflanze mit einer Rosette aus länglichen harten Blätter besitzt starkes, gutes Korianderaroma, das auch getrocknet und gekocht erhalten bleibt. Dass sie eine Verwandte der heimischen Stranddistel ist, zeigen ihre kleinen grünen, aber hübsch ornamentalen Blütenstände, die ebenso wie Stängel und Blätter als Gewürz dienen. Im Topf gehalten wird die Pflanze zweijährig, selten älter.

Currystrauch *HELICHRYSUM ITALICUM*

Diese Strohblumenart besitzt silbergraue nadelähnliche Blätter und gelbe knopfartige Korbblüten, die in Dolden erscheinen. Das Aroma der Blätter erinnert, würzig und herb wie es ist, an Currypulver. In kleinen Dosierungen kann man damit herzhafte Gerichte aromatisieren. Die Staude bereichert mit ihrem dekorativen Laub jeden Kräutergarten. Besonders für Kästen auf heißen Südbalkons eignet sich die hitzeverträgliche Italienerin. Nicht alle Sorten sind winterhart.

Das fast weiße Laub deutet darauf hin: Dieser Halbstrauch liebt heiße, trockene, sonnige Plätze in lockerem kalkhaltigen Boden – mediterrane Verhältnisse eben.

Vermehren Sie die Pflanze durch Stecklinge (Seite 26). Im Winter braucht sie guten Schutz aus Laub und Reisig – vor allem die Kombination von nassem Boden und Kälte bringt sie um. Graben Sie den Strauch nach einem kräftigen Rückschnitt im Herbst lieber aus und überwintern sie ihn gerade frostfrei.

Die Triebspitzen ernten Sie nach Bedarf. Sie werden frisch verwendet.

Currykraut würzt Reis, Gemüse und pikante Gerichte mit einem milden Curryaroma. Kochen Sie die Zweige mit und entfernen Sie sie vor dem Servieren. Sehr maßvoll einsetzen!

SCHABZIEGERKLEE
TRIGONELLA CAERULEA

Nah verwandt mit dem Bockshornklee, geben die Blätter und Blüten dieser Kleeart dem Schweizer Schabziegerkäse seinen typischen, curryähnlichen Geschmack. Würzen Sie sparsam mit dem hocharomatischen Kraut. Aussaat siehe Bockshornklee Seite 90.

Vietnamesische Melisse

ELSHOLTZIA SPEC.

Elsholtzien ähneln Agastachen. Die Lippenblütler besitzen vierkantige Stängel, weiche, am Rand gesägte Blätter und lila- bis rosafarbige Blütenähren. Ihr Aroma ist weich und rund, eine Mischung aus rohen Champignons, ein wenig Zitrone, etwas Minze und passt nicht nur zu asiatischen Köstlichkeiten, sondern auch zu Salaten und Gemüsegerichten. Eine nahe Verwandte, der Chinesische Gewürzstrauch (*Elsholtzia stauntonii*) mit minzeähnlichem Aroma, überlebt bei uns sogar den Winter draußen im Beet.

Die Vietnamesische Melisse mag einen warmen sonnigen Platz in lockerem, mageren Boden und reichlich Wasser. Im Herbst sollten Sie die Staude ausgraben und wie eine Kübelpflanze frostfrei überwintern.

Vermehren Sie die Pflanze im Spätsommer durch Stecklinge (Seite 26), die Sie an einem sonnigen, aber kühlen Fenster überwintern. Ab Mitte Mai wird die buschige Pflanze ins Beet gesetzt oder sie bleibt im Topf und steht auf der Terrasse. Dort regelmäßig flüssig nachdüngen und viel gießen.

Blätter und Triebspitzen werden frisch verwendet. Getrocknet bleibt das feine Aroma nicht erhalten.

Das Kraut passt zu allen Salaten, auch Eierspeisen, Fleisch, Suppen und Soßen. In Vietnam verwendet man sie zum Würzen von Frühlingsrollen. Am besten fein gehackt , kurz vor dem Servieren in die Speisen geben.

Rau Om

LIMNOPHILA AROMATICA

Das kleine Braunwurzgewächs mit seinen hübschen blauen Blüten ist aufgrund seines süßlich cuminartigen Aromas in der thailändischen und vietnamesischen Küche beliebt. Die Anbautipps des Kräutergärtners Daniel Rühlemann lauten: In mit etwas Erde vermischten Lavagranulat oder Blähton pflanzen; im Sommer warm halten, stets soll Wasser im Untersetzer stehen. Im Winter auf eine sonnige Fensterbank stellen, aber nicht ganz so nass wie im Sommer halten.

Schwarznessel

OCIMUM FRUTESCENS (PERILLA FRUTESCENS)

In Asien seit Jahrhunderten als Würz- und Heilpflanze kultiviert, galt die Schwarznessel oder Perilla bei uns als einjährige Zierpflanze: Vor allem die gewellten, gezähnten Blätter schwarzroter Sorten wirken dekorativ. Das cumin- bis korianderblattartige Aroma ist in Europa nicht jedermanns Sache, dient aber in Japan zum Würzen von Sushi, Fisch und Tempura. Neuerdings weiß man, dass Perilla-Öl einen ungewöhnlich hohen Anteil an Alpha-Linolensäure enthält, einer sehr gesunden ungesättigten Fettsäure.

Ein sonniger warmer und windgeschützter Platz in nahrhaftem lockerem Boden fördert die Aromabildung. Der Lippenblütler gedeiht im Balkonkasten, braucht dort aber viel Wasser.

Aussaat und Pflege gleichen der von Basilikum: Die Samen ab März im Warmen vorkultivieren, die Setzlinge ab Mai auspflanzen oder gleich erst ab Mitte Mai im Freien aussäen. Reichlich gießen und düngen. Im Frühherbst erscheinen rosa Blütenstände.

Ernten Sie die Blätter und Triebspitzen stets frisch, genau wie Basilikum. Aus Perilla lässt sich mit Öl ein Pesto herstellen (siehe Basilikum-Pesto Seite 77).

In Japan unverzichtbares Gewürz, die rotblättrigen Sorten nutzt man dort auch als Lebensmittelfarbe und Stofffarbe. Das Öl dient zur diätischen Behandlung von Stoffwechselstörungen, besonders der Zuckerkrankheit.

TASMANISCHE BERGMINZE

PROSTANTHERA CUNEATA

Der bis ein Meter hohe, immergrüne Busch aus Australien besitzt kleine nach Minze duftende Blätter. Der Boden sollte gut durchlässig, aber trotzdem immer leicht feucht sein. Mit etwas Winterschutz aus Fichtenreisig verträgt die Bergminze sogar mäßige Fröste. Im Frühjahr erscheinen viele weiß-rosafarbene, 2 cm großen Blüten, die dieses Teekraut zu einer ausgesprochen dekorativen Topf- und Beetpflanze machen.

JAPANISCHER MEERRETTICH

WASABIA JAPONICA

Die Staude wird seit Jahrhunderten in Japan an Bächen in den kühlen Bergregionen angebaut. Ihre dicke Wurzel reicht man wie bei uns Meerrettich fein gerieben zu Fisch und Sushi. 'Matsum' und andere Kultursorten gedeihen im Garten an schattigen feuchten Plätzen mit nahrhafter Erde. Die frischen Blätter würzen Salate und ergeben püriert mit Salz und Essig gemischt eine würzig-scharfe Paste.

KRÄUTERSPASS MIT KINDERN

Lassen Sie ihre Kindern teilhaben an einer sinnlichen Reise durch die Welt der Kräuter. Speziell für Kinder gibt es viele aufregende Pflanzen zu entdecken, so die Schokoladenblume (*Berlandiera lyriata*), deren gelbe Blütensonnen nach Vollmilchschoko duften, oder die großen braunroten Blüten der Schokoladenkosmeen (*Cosmos atrosanguineus*). Beide wachsen im Topf und überwintern frostfrei. Die gelben Blütenkugeln der *Cephalophora aromatica* duften nach Apfel; und wer sich ein wenig gruseln will, knabbert an den Blättern der Brausepulverpflanze (*Spilanthes oleracea*), die ganz unheimlich auf der Zunge prickeln. Duftpelargonien mit samtigen Blättern wie *Pelargonium tomentosum*, die nach Pfefferminzschokolade riechen, oder die grünen Matten der Korsischen Minze (*Mentha requienii*) laden alle Kinder zum Streicheln ein.

Schokoladenblume
(Cosmos atrosanguineus)

1 Schokoladenblume (*Berlandiera lyriata*) · 2 Parakresse (*Cephalophora aromatica*)
3 Duftpelargonie (*Pelargonium tomentosum*)

FÜR GESUNDHEIT

GARTENKRÄUTER UND SCHÖNHEIT

Anis *PIMPINELLA ANISUM*

Mit diesem Kraut hat es seine besondere Bewandnis: Es hilft, wenn die „nötige Begierde zu ehelichen Werken fehlt“, weiß man bereits im 16. Jahrhundert! Weniger mythologische als medizinische Bedeutung kommt ihm wegen seiner ätherischen Öle als Mittel gegen Husten und Bronchitis, Magen- und Darmstörungen zu. Und: Anis ist ideal für Kleinkinder und Säuglinge.

Anis gedeiht nicht nur im Nutzgarten, sondern auch im Blumenkasten – in warmer, sonniger Lage. Der ideale Boden ist leicht durchlässig und sandig-humos. Sämlinge sollten nicht verpflanzt werden!

Boden mit kalkhaltigem Steinmehl gut vorbereiten, nur leicht mit Kompost düngen. Bei anhaltendem Regen und kühler Witterung im Sommer können Sie immer wieder mit etwas Hornkiesel nachhelfen.

Nur die Samen sind heilkräftig und können frisch oder getrocknet verwendet werden. Sie werden nicht alle zur selben Zeit reif: Nur die Dolden mit bräunlicher Färbung herausschneiden und weiterverarbeiten!

Die Samen werden in der Küche vor allem zum Backen verwendet, z. B. in Brot oder im Winter zu Anisplätzchen. In der Hausapotheke hauptsächlich als flüssiger Auszug. Geheimtipp gegen Mundgeruch: Einfach ein paar Anisfrüchte kauen. Tipp zum Räuchern (s. S. 124): Nach zu viel geistiger Arbeit und Anstrengung machen die aromatischen Dämpfe der Samen den Kopf wieder frei!

Anismilch für Kinder

- 1 TL Samen
- 200 ml Milch
- 1 TL Honig

Zubereitung

Die fein zerstoßenen Samen mit der Milch kurz aufkochen, abseihen und den Honig unterrühren.

Verwendung

Die Milch beruhigt, der Honig macht den Schlummertrunk schmackhaft für Kinder. Selbst bei Bauchschmerzen sorgt er wegen der krampflösenden Wirkung des Anis so für erholsamen Schlaf.

ANISTEE UND -ABKOCHUNG

Tee (s. S. 55) oder Abkochung (s. S. 55) – am besten mit Kräuterhonig (s. S. 53) – aus den Samen lösen Schleim bei Erkältungskrankheiten. Ungesüßt wirken sie kräftigend bei empfindlichem Magen oder Darm und helfen bei Verdauungsproblemen – besonders bei krampfartigen – und Menstruationsbeschwerden. Der Tee ist so mild, dass er selbst für Säuglinge geeignet ist.

ANISTINKTUR

10 bis 20 Tropfen der Tinktur (s. S. 54) einfach auf ein Stück Zucker träufeln oder in Wasser auflösen. Wie der Tee ist diese Anwendung aufgrund der antiseptischen Eigenschaften der Samen bei Krämpfen oder Störungen im Verdauungstrakt angezeigt. Und: Sie beruhigt bei Nervosität und Schlaflosigkeit.

Baldrian *VALERIANA OFFICINALIS*

„Mondwurzel“, diesen Namen gab der Volksmund der Pflanze, und das aus gutem Grund – galt sie doch als das Elixier bei „Mondsucht“ und Schlaflosigkeit. Außerdem schätzte man die Wurzeln in Truhen und Schränken zur Beduftung von Kleidung und Wäsche. Im Mittelalter glaubte man gar, es gäbe fast keine Krankheit, die mit dem „Hexenkraut“ nicht zu bannen sei! So weit geht seine Heilwirkung zwar nicht, doch als sanftes Beruhigungs- und Magenmittel ist es bis heute hoch angesehen – und pharmakologisch anerkannt.

Baldrian liebt Feuchtigkeit und passt daher gut in die Nähe eines Teichs. Ansonsten sollte der Boden Humus und Kalk enthalten. Obwohl das Kraut in sonniger wie halbschattiger Lage gedeiht, gilt: Je wärmer der Standort, desto mehr Heilstoffe. Auf ausreichend Pflanzabstand achten!

Mit Mulch bedecken und nicht austrocknen lassen. Für eine optimale Wurzelernte sollten die Blütentriebe regelmäßig ausgelichtet werden. Gartentipp: Baldrianblätter im Herbst unter den Kompost mischen!

Die Blätter können Sie von Frühling bis Herbst, die Blüten zwischen Juni und August ernten. Die Wurzeln zum Trocknen werden ab August bis Oktober oder am Frühlingsanfang ausgegraben.

Tee (s. S. 55) oder Kaltauszug (s. S. 54) aus den getrockneten Wurzeln sind klassische Natur-Schlafmittel. Sie helfen bei Erregung und Erschöpfung, beruhigen Nerven und Herz, ohne dabei die Leistungsfähigkeit zu beeinträchtigen. Und sie lindern nervöse Beschwerden von Magen und Darm, wie Krämpfe, Erbrechen oder Übelkeit.

Baldrianbad

- 100 g getrocknete Baldrianblüten, -blätter und -wurzeln
- 1 l Wasser

Zubereitung

Stellen Sie einen Tee (s. S. 55) oder Kaltauszug (s. S. 54) aus den Wurzeln her, und geben Sie ihn dem Badewasser zu.

Verwendung

Baldrian ist der ideale Zusatz für ein entspannendes Schlafbad. Denn hier können Sie den Doppeleffekt von Kräuterbädern besonders gut nutzen: Zum einen löst die Wärme des Wassers geistige und körperliche Verkrampfungen und entspannt. Zum anderen gelangen die Dämpfe der ätherischen Öle im Kraut durch den Geruchssinn direkt in das Nervenzentrum im Gehirn und können so Ihre beruhigende Wirkung optimal entfalten.

Beifuß *ARTEMISIA VULGARIS*

2500 Jahre – so alt ist die Geschichte des Beifuß. Denn so lange wird er in der fernöstlichen Medizin für die Heilräucherung verwendet. Auch bei uns sagte man Duft und Dämpfen der Pflanze allerlei Kräfte nach: Das Verbrennen sollte böse Geister vertreiben und als „Sonnwendkraut" vor Übel und Unheil im neuen Jahr schützen. Heute schätzt man Beifuß wegen seiner ätherischen Öle und Gerbstoffe als Fieber- und Magenmittel.

Passt gut zu Terrassenbeet oder Kräuterspirale in voller Sonne, doch Vorsicht: Das Kraut wächst bis zu 2 m hoch! Es ist aber nicht unbedingt eine Zierde und sollte einen Platz in den hinteren Reihen erhalten.

In der Natur wächst Beifuß gern auf Geröllhalden. Daher sollten Sie auch im Beet dafür sorgen, dass der Boden trocken, mager und durchlässig ist: Lockern Sie ihn mit kalkhaltigem Sand oder Kieselsteinen auf.

Frische Sprossen für die Küche sammelt man im Frühjahr. Wenn die Pflanze im Sommer beginnt, Knospen zu bilden, können Sie die jungen Blätter und oberen Triebspitzen zum Trocknen für die Hausapotheke ernten.

Wenn Sie Beifuß regelmäßig in der Küche als Gewürz verwenden, tun Sie damit ganz unaufwändig Ihren Verdauungsorganen etwas Gutes. Bei akuten Beschwerden hilft ein Tee (s. S. 55) aus frischem oder getrocknetem Kraut: Er lindert Magenstörungen und löst Bauchkrämpfe. Schwangere sollten jedoch auf Anwendungen mit Beifuß verzichten. Generell gilt: Sparsam dosieren, in größeren Mengen ist die Pflanze giftig!

Beifußtee

Zubereitung

Stellen Sie den Tee mit 2 TL getrocknetem Beifuß nach dem Grundrezept (s. S. 55) her. Er sollte jedoch nur 1 bis 2 Minuten ziehen.

Verwendung

Beifußtee ist angezeigt bei Magen- und Darmverstimmungen, Völlegefühl, Blähungen, Übelkeit oder Durchfall. Die ätherischen Öle und Bitterstoffe wirken entkrampfend und reinigen den Verdauungstrakt. Als natürliche Begleittherapie wird der Tee auch bei Gallen-, Leber- und Blasenerkrankungen empfohlen.

Gesunde Küche mit Beifuß

In der Küche können Sie Beifuß frisch oder getrocknet verwenden. Doch das blühende Kraut schmeckt sehr bitter! Frisch auf den Tisch sollten also nur Knospen und Jungtriebe vor der Blüte kommen – und zwar traditionell zum Verfeinern von Gänsebraten, wie der volkstümliche Name „Gänsekraut" verrät. Aber auch andere fette Gerichte, z. B. Hammel oder Ente, werden mit Beifuß leichter bekömmlich. Als Würze passt er ebenso gut zu pikanten Quarkdips, Gemüse- oder Fischsuppen, Saucen, Salaten oder einfach aufs Schmalzbrot.

Räucherung mit Beifuß

In der Traditionellen Chinesischen Medizin ist Beifuß Grundlage für eines ihrer wichtigsten Verfahren, die Moxibustion: Er wird zu einem Kegel geformt, zum Glimmen gebracht und über den zuständigen Körpermeridian gehalten. Die Wärme und der würzige Kräuterduft stimulieren den gewünschten Akupunkturpunkt und helfen so bei Asthma, Bronchitis, Depression, Durchfall, Erschöpfung, Energiemangel, Hypotonie und Schwindel. Auf psychischer Ebene wirkt auch eine ganz normale Räucherung (s. S. 124) ähnlich.

Eisenkraut *VERBENA OFFICINALIS*

Eine Pflanze mit magischer Macht: Die Griechen und Römer der Antike glaubten, sie verfüge über glücksbringende Kräfte. Einen ähnlichen Hintergrund hat wohl auch der Brauch, Neugeborene einem besonderen Taufritual zu unterziehen. Ein Bad in Eisenkraut sollte dafür sorgen, sie gegen alles mögliche Unheil der Zukunft abzuhärten – denn „eisenhart" sollten sie dadurch werden. In der modernen Medizin macht man damit eher gegen Husten und Bronchitis sowie Beschwerden von Magen und Darm mobil – dank der speziellen Gerb-, Schleim- und Bitterstoffe, die in dem Kraut enthalten sind.

Eisenkraut ist genügsam: Es stellt keine besonderen Ansprüche an den Boden, nur durchlässig sollte er sein. Was die Pflanze jedoch unbedingt braucht ist volle Sonne.

Eisenkraut ist sehr pflegeleicht. Ansonsten bei schwerem Erdreich nach dem Austrieb etwas auflockern. Im Herbst ein Kompost-Sand-Gemisch aufbringen.

Wird nur getrocknet verwendet. Die Heilkraft steckt in den Blättern, zum Räuchern können Sie auch das ganze Kraut ernten – und zwar nach alter Bauernregel, „wenn weder Sonne noch Mond am Himmel sind".

Der Tee (s. S. 55) oder eine Gurgellösung (s. S. 54) wirkt schmerzstillend und schleimlösend bei Husten und Heiserkeit, Bronchitis und Mandelentzündung. Eine Abkochung (s. S. 55) lindert bei Beschwerden von Leber, Niere und Galle. Auflagen (s. S. 57) mit Kaltauszug (s. S. 54) helfen bei Verstauchungen, Neuralgien und Rheuma; mit Abkochung auch bei Hautverletzungen, speziell bei einer Nagelbettentzündung.

RÄUCHERUNG MIT EISENKRAUT

„Druidenkraut", „Sagenkraut", „Traumkraut": Der Volksmund verlieh der Pflanze viele mystische Titel. Denn sie befähige – das glaubten bereits die keltischen Priester – zur Kunst der Wahrsagerei, und so galt sie ihnen als heilig und wurde bei Weihungen und Segnungen verbrannt. Und: Sie sollte schöne Träume herbeirufen und böse bannen können! In diese Richtung geht auch die heutige Anwendung: Das frische Zitrusaroma, das beim Räuchern (s. S. 124) frei wird, soll für einen erholsamen Schlaf sorgen, Stress und Spannungen, sogar Schockzustände lösen sowie Ängste und Alpträume vertreiben; die seherische Wirkung des Krauts lasse einen Antworten auf schwierige Fragen des Lebens leichter finden. Und als „Eisenkraut" soll es – wie der Name schon sagt – spezielle Stärke verleihen!

Fenchel *FOENICULUM VULGARE*

Vom alten Ägypten über Griechenland und Rom bis nach China schätzte man das Kraut – und bis heute hat es seinen Platz in der Medizin behalten. Es löst Schleim bei Atemwegserkrankungen sowie Krämpfe im Magen-Darm-Trakt. Seine gute Verträglichkeit macht den „Kinderfenchel“ zu einem idealen Mittel in der Kinderheilkunde: gegen Husten und Heiserkeit, Blähungen und Bauchschmerzen – sogar bei Säuglingen.

Fenchel gedeiht auf nährstoffreichem, feuchtem, gut durchlässigem Boden. Garant für optimale Samen: Viel Sonne und Wärme! Bei der Planung beachten: Fenchel kann bis zu 1,50 m hoch werden!

Bereiten Sie den Boden mit Tonmehl und Algenkalk vor und pflegen Sie ihn mit organischem Dünger. Gartentipp: Fenchel zieht nützliche Insekten wie z. B. Schwebfliegen an.

Blüten und Blätter werden frisch gepflückt verwendet, die Samen getrocknet. Ab August können Sie kontrollieren, ob sich erste Dolden braun färben. Denn nur dann können sie geerntet und zum Trocknen aufgehängt werden. Da nicht alle Früchte gleichzeitig reifen, kann das Sammeln bis zum Spätherbst dauern.

Frische und getrocknete Blätter finden sowohl in der Küche als auch in der Kosmetik Verwendung, z. B. als Gesichtsmaske (s. S. 61). Die Samen sind altbewährte Heilmittel. Ein Kräuterhonig (s. S. 53) aus ihnen ist ein beliebtes Hustentherapeutikum – besonders für Kinder.

Fencheltee

Zubereitung

Stellen Sie einen Tee (s. S. 55) oder eine Abkochung (s. S. 55) aus 1 TL getrockneten Samen her.

Verwendung

Bei Verschleimung und Bronchitis: Die antibiotischen Eigenschaften des ätherischen Öls unterstützen die Flimmerhärchen in den Bronchien und das Abfangen von Erregern, bevor sie die Lungen erreichen. Auch als Magen- oder Abführmittel ist der Tee angezeigt. Babys bekommen ihn als Beigabe zu Brei oder Milch, Kleinkinder verdünnt mit 2 bis 3 EL Wasser pro Tasse.

GESUNDE KÜCHE MIT FENCHEL

Zur frischen Verwendung in der Küche eignen sich die Blätter und junge Spitzen, z. B. fein gehackt in Salaten, besonders für Gurkensalat. Suppen und Gemüsegerichten verleihen sie ein milde Würze. Ein Strauß in Essig oder Öl eingelegt (s. S. 48) verleiht Marinaden und Vinaigrettes ein feines Aroma und macht sie leichter bekömmlich.

Wenn Sie Fisch auf Fenchelblättern oder in einer -beize zubereiten, wird sein Geschmack kräftiger.

FENCHELKOSMETIK

Blätter und Samen sind aufgrund ihres glättenden Effekts eine beliebte Basis in der Kosmetik:

- Kopfdampfbäder (s. S. 59) oder Kompressen (s. S. 57) sind optimal für die schonende Pflege spröder und trockener Haut.
- Die Reinigungsmilch (s. S. 60) klärt auf milde Art – und wird daher auch von trockener Haut gut vertragen.
- Eine Haarspülung auf Teebasis (s. S. 61) kräftig das Haar bis in die Spitzen.

Johanniskraut *HYPERICUM PERFORATUM*

„Teufelsflucht" – die volkstümliche Bezeichnung deutet es bereits an: Das Kraut gilt seit der Antike als Zaubermittel gegen allerlei Spuk, Geister, Teufel und Hexen. Doch damit nicht genug, auch vor bösen Kräften der Natur, z. B. Blitzschlag, Alpträumem und Ängste soll es beschützen. Kleopatra schätzte es dagegen als Zugabe zu einem geheimen Schönheits- und Liebestrunk: Ihren Wein würzte sie am liebsten mit einem Pulver aus einer zerstoßenen Perle, Akelei und Johanniskraut. Bis heute wird die Pflanze ähnlich verwendet: zur Hautpflege und -heilung sowie als sanftes Sedativum und Antidepressivum.

Johanniskraut passt gut zu Steingarten und Gartenwiese. Es verlangt einen sonnigen Platz. Der Boden sollte dabei mittelschwer bis sandig, mager, trocken und gut durchlässig sein.

Johanniskraut mag es eher karg, daher wenig düngen, nur eventuell mit einem Sand-Kompost-Gemisch im Spätherbst. Stets für optimalen Wasserabzug sorgen!

Nur die oberen Blätter, Stängel und Blütenköpfe werden verwendet – und zwar zur Konservierung. Geerntet wird bei voller Blüte und am besten an Johanni (24. Juni), dann nämlich soll die Heilkraft am größten sein.

Ein Allroundmittel für Körper und Geist. Der Tee (s. S. 55) des ganzen Krauts als Kur hilft bei vegetativer Dystonie, Depressionen, Schlafstörungen, Stress und Wechseljahresbeschwerden. Dampfbäder (s. S. 59) oder Kompressen (s. S. 57) beleben fettige, unreine und leicht entzündete Mischhaut. Achtung: Johanniskarutöl nie länger als 6 Wochen oder bei längerem Aufenthalt in der Sonne (Phytosensibilisierung!) anwenden.

Johanniskrautöl

- 50 bis 100 g Blüten (frisch)
- 1 l Öl (z. B Olivenöl)

Zubereitung

Stellen Sie einen Ölauszug nach dem Grundrezept (s. S. 49) her, der Ansatz bleibt dabei so lange in der Sonne stehen, bis er eine kräftig rote Farbe angenommen hat.

Verwendung

Johanniskrautöl ist ein Klassiker: Es wirkt schmerzstillend und durchblutungsfördernd und wird traditionell für Auflagen (s. S. 57) und zum Einreiben eingesetzt: bei Arthrose, Blutergüssen, Gürtelrose, Geschwüren, Gicht, Gliederschmerzen, Hexenschuss, Ischias, Neuralgie, Quetschungen, Rheuma, Sonnenbrand oder anderen Verbrennungen ersten Grades sowie stumpfen Haut- und Sportverletzungen, speziell bei schlecht heilenden Wunden.

TIPP Ähnlich wie das Öl wirkt auch die Abkochung (s. S. 55) für die äußerliche Anwendung als Auflage!

Kamille

MATRICARIA CHAMOMILLA oder *CHAMOMILLA RECUTITA*

Der Legende folgend soll das Kraut über magische Kräfte verfügen – am Türstock aufgehängt galt es gar als Anzeiger für Hexen: Trat eine solche über die Schwelle, soll sich der Strauß bewegt haben. Weniger Zauberei als wissenschaftliche Tatsache sind die unzähligen Eigenschaften der Kamille: beruhigend und krampflösend, wundheilend und schmerzlindernd, schweißtreibend und erwärmend, entzündungs- und bakterienhemmend.

Macht sich gut vor der Hauswand, als Einfassung, als idealer Partner zwischen Gemüsekulturen oder im Topf – liebt Sonne. Der Boden sollte humusreich, etwas sauer, nicht zu schwer und eher lehmig-sandig sein.

Zur Vorbereitung die Erde mit Kompost düngen. Wenn die Pflanzen zu dicht stehen, sollten Sie sie auslichten, damit sie sich leichter verzweigen können.

Von Mai bis August können Sie die frisch geöffneten Blütenköpfchen sammeln – am besten morgens und nur bei Sonne. Zum Trocknen so schnell wie möglich auslegen – dazu auf keinen Fall Metallgitter verwenden!

In die Küche passen die frischen, fein gehackten Blüten sparsam dosiert zu Salat, Spinat und Suppen. Der Tee (s. S. 55) hilft bei Magen- und Darmproblemen aller Art, als Auflage (s. S. 57) bei Verletzungen der Haut, als Badezusatz (s. S. 59), bei Entzündungen von Schleimhäuten und Erkältungen sowie zum Gurgeln bei Entzündungen im Mundraum. Letzteres geht übrigens auch mit einer Tinktur (s. S. 54).

Kamillenbad bei Warzen

Zubereitung

Stellen Sie einen Tee nach dem Grundrezept (s. S. 55) her. Er wird dem Badewasser zugesetzt, in das Sie die betroffenen Stellen etwa 15 Minuten lang eintauchen. Gründliches Abtrocknen ist anschließend besonders wichtig!

Verwendung

Die Wärme des Wassers weicht die Hornhaut auf und die antibakteriellen Inhaltsstoffe der Kamille wirken den Warzen entgegen.

SCHÖNHEITSBÄDER MIT KAMILLE

Kamillenbäder können Sie auf vielerlei Arten herstellen: Als reines Kräuterbad (s. S. 59) aus 200 g getrockneten Blüten oder mit Tee als Badezusatz (s. S. 59). Sie sind ideal für den unreinen Hauttyp, der zu Pickeln, Mitessern, Irritationen und schlechter Durchblutung neigt. Der einzigartige Wirkstoffkomplex der Kamille beruhigt, desinfiziert und wirkt gleichzeitig Entzündungen entgegen. Ein Badeöl (s. S. 58) ist optimal bei gereizter und empfindlicher Haut – und eine Wohltat bei Hautspannungen nach zu viel Sonne.

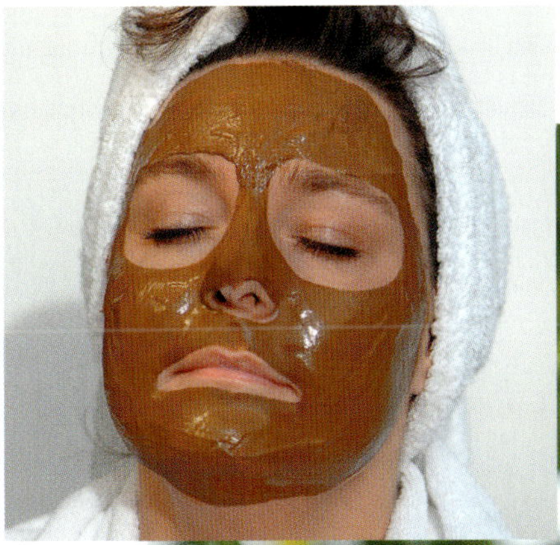

Kamillen-Deospray

- 2 TL Kamillenblüten (frisch) oder 1 TL Kamille (getrocknet)
- 100 ml Alkohol (70 %)
- 100 ml Hamameliswasser
- eine Zerstauberflasche

Zubereitung

Stellen Sie aus Kamille und Alkohol eine Tinktur nach dem Grundrezept (s. S. 54) her, die etwa 2 Wochen ziehen sollte. Sie mischen nur noch 2 EL der Tinktur mit dem Hamameliswasser und füllen es in die Flasche – fertig. Die restliche Kamillentinktur kann problemlos bis zur nächsten Deoproduktion aufbewahrt werden.

Verwendung

Das duftende Deo desinfiziert und wirkt austrocknend – Schweiß wird so auf sanfte Art gebannt und die Geruchsbildung reduziert. Eine garantiert schadstofffreie Alternative zu Aluminiumsalzen & Co. in Industrieware!

Kamillenmaske

- 2 EL Kamille (getrocknet)
- 200 ml Wasser
- 2 EL Heilerde (aus Drogerie oder Apotheke)
- 2 TL Honig

Zubereitung

Stellen Sie aus Kamille und Wasser einen Tee nach Grundrezept (s. S. 55) her. Wenn er etwas abgekühlt ist, abseihen. Honig im Wasserbad bei geringer Hitze verflüssigen. So viel von dem Tee mit der Heilerde und dem Honig verrühren, dass eine breiartige Paste entsteht.

Verwendung

Die Wellnesskur für die Haut! Legen Sie die Maske wie im Grundrezept (s. S. 61) beschrieben auf. Sie beruhigt, glättet und strafft. Wegen der adstringierenden und antiseptischen Eigenschaften der Kamille ist sie speziell bei unreiner oder großporiger Haut geeignet.

Kamillen-Kopfdampfbad

Zubereitung

Wenden Sie nach dem Grundrezept (s. S. 59) ein Dampfbad an – als Zusatz Tee (s. S. 55) oder Tinktur (s. S. 54) aus frischen oder getrockneten Blüten.

Verwendung

Bei Erkältungen, Schnupfen, Heiserkeit, Verschleimung und Bronchitis. Eine Wohltat bei entzündlichen Erkrankungen und Reizzuständen der oberen Atemwege wie der Mund- und Rachenschleimhaut! Da Kamille auch austrocknend wirkt, ist die Behandlung für trockene Schleimhautentzündung nicht geeignet.

WEITERE REZEPTE MIT KAMILLE

Nicht nur in der Hausapotheke, auch in der Kosmetik ist Kamille ein Klassiker, ganz besonders in der Haarpflege.

- Haarspülungen hellen blondes Haar auf und machen – auch sprödes und trockenes Haar – kräftig, seidig und glänzend. Sie sind schnell gemacht und werden wie gewohnt angewendet: Nach dem Waschen die Spülung im Haar verteilen und die Kopfhaut damit massieren. Stellen Sie je nach Ihrem Haartyp eine Haarspülung mit oder ohne Essig nach den Grundrezepten (s. S. 61) her.
- Ein Tee (s. S. 55) mit dem Saft einer halben Zitrone gemixt, ergibt einen leichten natürlichen Festiger – am besten für blondes Haar.
- Reinigungsmilch (s. S. 60) klärt auf sanfte Art – und wird daher von jedem Hauttyp gut vertragen.
- Kopfdampfbäder (s. S. 59) und Kompressen (s. S. 57) reinigen mild und porentief. Sie helfen aufgrund ihrer entzündungshemmenden Eigenschaften auch bei Problemhaut.
- Körper- oder Gesichtsöle (s. S. 49) sind duftende Pflege für normale bis trockene Haut und beruhigen auch einen empfindlichen Teint.

TIPP Vergessen Sie nicht die Grundregeln für die Herstellung von Kosmetika: Absolute Sauberkeit und stets steriles Wasser verwenden!

Lavendel *LAVANDULA ANGUSTIFOLIA*

Eine Pflanze mit langer Tradition: In der griechischen Mythologie schrieb man ihr Zauberkräfte zu, im alten Rom war ein Bad in ihrem Öl Kult, in der Türkei wurde das Kraut wegen seines frischen Geruchs verehrt. Arabischen Frauen galt es als Geheimtipp für schönes Haar, englische Damen füllten im elisabethanischen Zeitalter kleine Sachets damit und nähten sich diese in ihre Röcke, bei uns steckte man sie ans Mieder. Bis heute ist Lavendel nicht aus der Mode gekommen und seine vielfältige Nutzung in Kosmetik, Aromatherapie und Naturheilkunde ist schier unendlich.

Weil er Läuse fernhält, ist Lavendel der ideale Begleiter für Rosen und Margeriten, passt aber auch zu Stein- und Nutzgarten, Kräuterbeet und -spirale. Der Boden sollte eher mager, trocken, kalkhaltig und gut durchlässig sein; der Standort vollsonnig.

Bei Staunässe mit einer Drainage aus Kies für ausreichend Wasserabzug sorgen. Pflanzen nach der Blüte auslichten bzw. zurückschneiden, sonst fransen sie aus und werden schlaff. Zur Bodenverbesserung genügt etwas Kalk. Nach fünf Jahren sollten alte durch neue Stauden ersetzt werden.

Frisch werden junge Spitzen und Blätter verwendet, Kraut und Knospen sowohl frisch als auch getrocknet. Zum Trocknen müssen die Blüten am Trieb vor ihrer vollständigen Entfaltung abgeschnitten werden!

Frischer Lavendel verfeinert – sparsam dosiert, z. B. mit Basilikum, Dill oder Thymian – Suppen, Saucen und Fischspeisen. Die Blüten sind ein Augenschmaus zum Anrichten. Kraut bzw. Blätter eignen sich gut zum Einlegen in Öl, Blüten in Alkohol. Medizinisch wirksam sind die Blüten.

LAVENDELBLÜTEN-TEE

Die Liste der medizinischen Indikationen des Tees (s. S. 55) aus den Blüten ist lang. Er lindert nervöse Magen- und Darmstörungen bis hin zu Krämpfen, regt die Verdauung an, fördert den Abfluss der Galle, wirkt harntreibend und beruhigt zentrales Nervensystem wie Bronchien gleichermaßen. Auf psychischer Ebene hilft er bei Schlaflosigkeit, Erregungs- und Reizzuständen – am besten gesüßt mit Kräuterhonig (s. S. 53) aus Blüten. Erste Hilfe bei nervlich bedingter Migräne: Ein Tee aus 1 TL Lavendel, gemischt mit je 1 TL Baldrian oder Pfefferminze.

LAVENDEL-DUFTKISSEN

Das Lavendel-Duftkissen – der Klassiker. Das Kissen stellen Sie nach der Anleitung (s. S. 62) her. Im Schrank zwischen die Wäsche gelegt, vertreibt es Motten und andere Insekten. Unter dem Kopfkissen sorgt es für Entspannung und einen erholsamen Schlaf. Damit ist die Pflanze sogar Trendsetter: Der letzte Schrei sind derzeit Schlafbrillen mit modischen Mustern – und Lavendelaroma!

GESICHTSKOSEMTIK MIT LAVENDEL

Als Gesichtskosmetik ist Lavendel ein Allrounder für jeden Hauttyp:

- Ein Kopfdampfbad (s. S. 59) reinigt porentief – selbst bei Problemhaut.
- Eine Kompresse (s. S. 57) klärt auf milde Art und macht die Haut aufnahmebereit für Cremes oder Packungen.
- Ein Gesichtsöl (s. S. 49) pflegt – und ist ein Geheimtipp für die müde und reife Haut, denn es strafft und erfrischt.

WEITERE REZEPTE MIT LAVENDEL

Bäder mit frischen oder getrockneten Lavendelblüten haben einen harmonisierenden Effekt – bei Hypertonie (niedrigem Blutdruck) machen sie munter, bei Schlafstörungen oder Stress entspannen sie. So wirken sie auch bei vegetativer Dystonie, bei Neuralgien und depressiven Stimmungen ausgleichend. Selbst gegen Magenschmerzen oder -krämpfe gehen die Wärme des Wasser und die ätherischen Öle samt Gerbstoffen des Lavendels eine wohltuende Symbiose ein. Und ganz nebenbei pflegen die Bäder auch noch die Haut. Sie klären Unreinheiten und beruhigen bei Irritationen oder Entzündungen. Lavendelbäder sind also eine ganzheitliche Wellnessbehandlung für Körper und Geist – und zwar in jeder Form:

- als reine Kräuterbäder (s. S. 59)
- mit Tee oder Abkochung als flüssigem Zusatz (s. S. 55)
- mit Badeöl (s. S. 58)
- mit Badesalz
- Fußbäder (s. S. 59) sind ein kühlender und erfrischender Genuss bei heißen Füßen und Fußschweiß

Lavendel-Bodysplash

- 100 g getrocknete Lavendelblüten
- 500 ml Essig
- 100 ml Rosenwasser

Zubereitung

Stellen Sie einen Kräuteressig nach Grundrezept (s. S. 48) her. Wenn der Mix fertig ist, gießen Sie ihn mit dem Rosenwasser auf.

Verwendung

Der duftende Bodysplash erfrischt im Sommer – und ganz nebenbei klärt er die Haut und wirkt adstringierend. Auch nach Bad oder Dusche ist er genau richtig: Der durch heißes Wasser und Reinigungspräparate strapazierte Säuremantel der Haut kann sich damit schneller wieder erholen.

Lavendel-Waschcreme

- 1 bis 2 TL getrocknete Blüten
- 200 ml Wasser
- 10 EL Bienenwachs
- 5 EL Mandelöl
- 1 TL Essig

Zubereitung

Stellen Sie einen Tee nach dem Grundrezept (s. S. 55) her. Das Wachs klein hobeln, im Wasserbad bei niedriger Hitze schmelzen und mit dem Öl verrühren. Nehmen Sie den Topf vom Herd und geben Sie den Essig und so viel von dem Tee zu, bis die Mischung eine cremige Konsistenz hat. Dann können Sie sie abfüllen.

Verwendung

Reinigung ist das A und O für schöne und gepflegte Haut. Diese Waschcreme ist mild und dennoch wirksam. Sie wird von jeden Hauttyp gut vertragen.

TIPP Eine weitere Variante zur schonenden Klärung des Teints: Die Reinigungsmilch nach dem Grundrezept (s. S. 60).

LIEBESKRÄUTER

Das Geschenk der Liebesgöttin

Die griechische Göttin Aphrodite soll die Männer nicht nur durch ihr liebreizendes Antlitz und ihre außergewöhnlichen Kurven betört haben, sie besaß auch einen Zaubergürtel aus all den Pflanzen, welche die Leidenschaft entbrennen lassen. Daher heißen alle Mittel, die der Lust und der Liebe Flügel verleihen „Aphrodisiaka".

Aphrodisiaka wirken auf verschiedenen Wegen: Manche entspannen die Blutgefäße, andere wie Rosmarin regen den Kreislauf an, die nächsten wie Damiana verstärken die Durchblutung der Unterleibsorgane. Wieder andere Kräuter erhöhen die Empfindsamkeit der Sinne: Sie entspannen den gestressten Geist und steigern das Prickeln der Leidenschaft. Das zum Beispiel leistet ein Glas Wein (die Betonung liegt auf ein Glas!). Die Hexenkräuter des Mittelalters gar berauschten den Geist bis hin zu schweren Halluzinationen, die oft erotisch gefärbt waren. Der Tanz mit dem Teufel auf dem Blocksberg ist die Geschichte, die gefolterte Frauen im Mittelalter ihren Peinigern der Inquisition immer wieder erzählten. Diese Art von Hexenkräutern – Alraune, Bilsenkraut, Tollkirsche und auch Hanf, Opium oder bestimmte Pilze –, sind als Drogen entweder streng verboten und/oder ausgesprochen giftig.

Als aufgeklärter Mensch weiß der moderne Kräutergärtner, dass sich Lust und Liebe zu 90 % im Kopf abspielen. Und so kann man die magisch-mythische Vorstellung vergangener Jahrhunderte als Anregungen für den eigenen spielerischen Umgang mit Sexualität und Liebe verwenden.

Blumen der Liebe

Blumen wie Rosmarin, Rose oder Veilchen gelten seit Jahrtausenden als Pflanzen der Liebe. Alle sind sie den Liebesgöttinnen verschiedener Kulturen geweiht. Das bescheidene Veilchen steht als Symbol für die gerade erst erwachende unschuldige Liebe, auch für die Reinheit und Jungfräulichkeit. Veilchensträuße, kandierte Veilchen, sie alle besitzen den nostalgischen Charme der sittsamen Biedermeierzeit. Die Rose dagegen zeigt mit ihren wunderbaren Blüten, aber auch ihren scharfen Stacheln, zwei Aspekte der Mann-Frau-Beziehungen. Rosen symbolisieren Liebe und Leidenschaft, aber auch Vergänglichkeit und Tod. Bei keinem Liebesmahl darf ein Strauß duftender Rosen fehlen und dezenter Rosenduft lässt auch unscheinbare Frauen unwiderstehlich wirken. Im Garten der Kräuterfee dürfen daher einige der alten, besonders intensiv duftenden Rosen wie die Apothekerrose (*Rosa gallica officinalis*) oder die Ölrose (*Rosa damascena*) nicht fehlen! Viele Duftpflanzen zählen zu den Liebeskräutern, oft sind es schwere süße Aromen wie Rose, Jasmin, Sandelholz, Patschouli, Ylang Ylang oder animalische Düfte wie Moschus, Ambra, Muskatellersalbei und Vetiver, die das sexuelle Verlangen anfachen. Frische, helle Duftnoten wie Lavendel, Zitrone oder Zitronenmelisse dagegen wirken bei den meisten Männern und Frauen eher lustabwehrend. Der Rosmarin (*Rosmarinus officinalis*) galt seit der Antike als Kraut der Treue. Aus den würzig duftenden Zweigen wand man den Brautkranz, bevor im Mittelalter die Myrte in Mode kam. Aber auch den Tod und Trennung symbolisiert diese Pflanze. Eine Tinktur aus Rosmarin hilft Ihnen, eine zerbrochene Beziehung zu verkraften und lindert Liebeskummer.

Kräuter für ihn

Für Männer gab es auch immer schon spezielle Liebeskräuter. Mut, Stärke und Stehvermögen standen schon zu Salomons Zeiten im Fokus der Wünsche. Harntreibende Kräuter und Gemüse wie Sellerie, Spargel, Brennnessel und vitaminreiche, eiweißhaltige Speisen (Meeresfrüchte) sollten die allgemeine Lebenskraft und Leistungsfähigkeit ermüdeter Helden bis in die Nacht hinein erhalten. Brennnesselsamen zum Beispiel sind ausgesprochen gesund. Pferdehändler fütterten vor dem Verkauf die Hengste mit den winzigen Körnchen, damit ihr Fell schön glänzte und sie vital und feurig wirkten. Das kann manchen Männern auch nicht schaden.

Die Wurzel der Nelkenwurz (*Geum urbanum*), ein schwer auszurottendes Gartenunkraut, soll laut Hildegard von Bingen Liebe und Leidenschaft entflammen, wenn man(n) sie als Amulett um den Hals trägt oder pulverisiert als Gewürz verwendet. Der Kalmus (*Acorus calamus*), eine Sumpfpflanze, die auch am Gartenteich wächst, kam erst im 16. Jahrhundert aus Asien nach Mitteleuropa, gilt aber seither als probates Potenzmittel. Zur allgemeinen Steigerung der Vitalität oder bei Erschöpfungszuständen kaute man frische oder getrocknete Wurzeln. Allerdings sind inzwischen Stoffe in der Wurzel gefunden worden, die in Verdacht stehen, Krebs zu fördern. Nur die amerikanischen Sorten des Kalmus (*Acorus calamus americanus*) sind frei davon. Den meisten scharfen, aromatischen Gewürzen wie Senf, Meerrettich, Pfeffer, Ingwer, und auch Basilikum schrieb man aphrodisierende Kräfte zu. Senf war daher in Klöstern als Gewürz verboten. Und es ist kein Wunder, dass Chilipflanzen hauptsächlich von Männern gekauft werden.

Der Lorbeer (*Laurus nobilis*), dem griechischen Gott Apollo geweiht, und der Lorbeerkranz schmückte das Haupt des Siegers. Eine Lorbeerräucherung verleiht auch heute noch magischen Schutz, Ausdauer und stärkt Willenskraft und Selbstbewusstsein.

Melisse *MELISSA OFFICINALIS*

Die traditionelle Pflanze der Klostergärten – vom Mittelalter bis heute! Schon die Benediktinermönche stellten mit Melisse Arzneien aller Art her, Hildegard von Bingen schrieb ihr „Kräfte von 15 anderen Kräutern“ zu, anderen galt sie gar als „Elixier des Lebens“. Und Paracelsus braute daraus ein sehr spezielles Getränk: Es sollte müde Männer wieder munter machen!

Melisse gehört in jeden Bauern- oder Kräutergarten, gedeiht aber auch im Topf. Sie braucht humosen, aufgelockerten Boden. Je sonniger ihr Standort, desto besser die Qualität.

Melisse wächst lang am selben Ort, nach spätestens fünf Jahren aber sollte man sie teilen und umsetzen. Vorsicht beim Jäten: Sie ist ein Flachwurzler! Im Frühling oder Herbst etwas Kompost geben, regelmäßig gießen.

Ab Frühlingsbeginn können Sie Jungsprosse und Blätter frisch ernten. Zum Trocknen wird das Kraut kurz vor der Blüte im Juni/Juli bis zum Boden abgeschnitten. Die heilenden Substanzen stecken in den Blättern.

Frische Melisse verfeinert die mediterrane Küche und harmoniert gut mit anderen südlichen Gewürzen wie Basilikum. Ihr Zitrusaroma gibt Sommerdrinks, Süßem und Obstsalat eine extrafrische Note. Ein Klassiker ist Melisse als Einlage für Würzessig. Bitte beachten Sie: Melisse sollte nie mitgekocht werden! Als Medizin wirkt das „Nervenkraut“ beruhigend, schlaffördernd und entkrampfend.

GARTENTIPP

Vor über 2000 Jahren wurde Melisse zum ersten Mal angebaut – und zwar ursprünglich als Bienenweide. Und das so erfolgreich, dass ihr der Volksmund den Namen „Bienenkraut“ verlieh. Wenn Sie die Pflanze also kultivieren, können Sie auf diese Weise ganz nebenbei für eine gesunde Fauna in Ihrem Garten sorgen. Dabei sollten Sie jedoch beachten: Melisse neigt sehr zum Wuchern – planen Sie daher entweder viel Platz oder einen Standort am Beetrand für sie ein.

GESICHTSPFLEGE

- Ein Gesichtsöl (s. S. 49) mit Zitrusaroma lindert Reizungen und ist zur Nachtpflege besonders bei empfindlicher und trockener sowie bei reifer Haut zu empfehlen.
- Ein duftendes Dampfbad (s. S. 59) ist eine erfrischende Reinigung und Pflege für schlaffe Haut. Es leistet auch erste Hilfe bei Migräne.
- Reinigungsmilch (s. S. 60) ist eine Basis-Waschcreme für jeden Hauttyp – und aufgrund ihrer besonders milden Eigenschaft auch für trockene Haut geeignet.

Melissentee

Zubereitung

Stellen Sie einen Tee aus 2 TL Melissenblätter (frisch oder getrocknet) nach Grundrezept (s. S. 55) her.

Verwendung

Der Tee wird bei nervösen Beschwerden von Magen und Darm, Kopf und Herz sowie bei Einschlafstörungen und Wetterfühligkeit empfohlen. Seine ätherischen Öle beruhigen und bekämpfen Bakterien, die Bitterstoffe tun dem Magen gut.

WEITERE REZEPTE MIT MELISSE

Die entzündungshemmenden und antibakteriellen Eigenschaften machen Melisse zu einer idealen Grundlage für Kosmetika, besonders für die Pflege der empfindlichen Haut des Gesichts. Denn wie schon mittelalterliche Kräuterhexen wussten: Die Pflanze „stärket und schärfet das Gesichte"!

Ein angenehmer Nebeneffekt ist ihr erfrischender Zitrusduft. Wegen dieses fruchtigen Aromas ist sie auch eher unter dem Namen „Zitronenmelisse" bekannt – und geschätzte Basis für Schönheitsmittel. Doch die ätherischen Öle duften nicht nur gut, sie können noch viel mehr für Ihre Haut tun: Sie vertreiben Viren, Bakterien und Pilze.

TIPP Der Tee eignet sich auch zur Prophylaxe als Haustee. Er kann unbedenklich über einen längeren Zeitraum getrunken werden.

Bäder mit Melisse

Den Zusatz für ein Vollbad können Sie aus Tee (s. S. 55), Abkochung (s. S. 54) und Öl (s. S. 49) der frischen oder getrockneten Blätter herstellen.

Gesundheit

Der zitronige Duft der ätherischen Öle verwöhnt die Sinne und vertreibt Kopfschmerzen, Menstruationsbeschwerden, Abgespanntheit, Nervosität, Verkrampfungen und Unruhe.

Schönheit

Melisse ist als Schönheitsmittel multifunktionell: Die ätherischen Öle hemmen Keime und sorgen so für schöne gesunde Haut, ihr Zitrusaroma entspannt Körper und Geist gleichermaßen – und das ist wichtig, denn unbewältigter Stress und ungelöste Spannungszustände zeigen sich als Erstes auf der Haut.

Melissenfußbad

Zubereitung

Stellen Sie nach dem Grundrezept auf Seite 59 ein Fußbad aus Tee her.

Verwendung

Das Bad duftet wunderbar, regt Durchblutung und Kreislauf an – und wirkt erfrischend auf den gesamten Organismus. Auch bei Migräne soll es Wunder wirken!

TIPP Bei kleineren Verletzungen oder Wunden, Rissen oder Insektenstichen: Einfach zerkleinerte frische Melissenblätter auflegen – das kühlt, desinfiziert und lindert den Schmerz.

Pfefferminze *MENTHA X PIPERITA*

Bereits die alten Ägypter verehrten diese Pflanze – so sehr, dass man sie als Grabbeigabe verwendete. Im antiken Griechenland sah man in ihr eine verzauberte Nymphe, in Rom zierte das Kraut die Tafel und verfeinerte Speisen. Heute bildet es die Grundlage für unzählige Arzneien. Ihr hoher Mentholgehalt macht Minze vor allem zu einem probaten antibakteriellen, antimykotischen und antiviralen Mittel.

Minze braucht einen Platz in Sonne oder Halbschatten mit ausreichend Luftzirkulation – bei zu engem Stand ist sie anfällig für Rost. Die Erde sollte nährstoffreich, tiefgründig und feucht sein. Sie passt gut an einen Teich oder eine Hecke, aber auch auf den Balkon oder die Fensterbank.

Minze neigt zum Wuchern. Daher entweder in ein eigenes Beet setzen oder in einen Holzrahmen oder Gefäß (z. B. Eimer) ohne Boden pflanzen, der bis zum Rand in die Erde versenkt wird. Das Beet gut mit Kompost und organischem Dünger vorbereiten.

Junge Triebe werden frisch verwendet, die Blätter eignen sich auch zum Trocknen. Dazu wird das Kraut vor der Blüte bis kurz über dem Boden abgeschnitten. In langen warmen Sommern können Sie bis zu dreimal ernten.

Der Tee aus frischen oder getrockneten Blättern hilft bei Beschwerden im Magen-Darm-Galle-Bereich, bei Bauchschmerzen, Blähungen, Durchfall, Übelkeit, Verdauungsstörungen, Völlegefühl sowie bei Erkältung.

Erste Hilfe bei Kopfschmerz

- 1Hand voll frische Blätter

Zubereitung

Die Blätter werden einfach zerdrückt und dann fest – direkt oder in ein Taschentuch gehüllt – auf die Stirn gepresst.

Verwendung

Die ätherischen Öle, die beim Zerquetschen frei werden, sind eine Soforthilfe bei Spannungskopfschmerz und Migräne.

Bäder mit Pfefferminze

- Ölbad (s. S. 58): Wellness für Körper, Geist und Sinne. Es kurbelt den Kreislauf an, macht munter bei Müdigkeit und der Duft vertreibt laut altem Kräuterwissen „Hypochondrie und Melancholie".
- Fußbad (s. S. 59): Wunderbar kühlend bei heißen Füßen, desodorierend bei Fußschweiß. Regt die Durchblutung an, erfrischt den ganzen Körper.
- Kopfdampfbad: (s. S. 59): Probates Antiseptikum bei Problemen wie Akne, Pickeln, Mitessern.

Pfefferminzkosmetik

- Haarspülung mit oder ohne Essig (s. S. 61): Erfrischt die Kopfhaut, wirkt fettigem Haar und auch Schuppen entgegen.
- Reinigungsmilch: Entweder nach Grundrezept auf Seite 60 herstellen oder 3 EL frische gehackte Minze mit 200 ml Milch verrühren, einen Tag ziehen lassen, abfüllen und kühl lagern. Klärt aufgrund der antiseptischen Wirkstoffe selbst fettige Haut mit Neigung zu Unreinheiten porentief.
- Körperöl (s. S. 49): Verwöhnt mit seinem Duft, strafft und belebt unreine Haut.

Ringelblume *CALENDULA OFFICINALIS*

Bereits im 17. Jahrhundert schwor man auf die Ringelblume zur Wundheilung – und darin ist sie bis heute unübertroffen! Ein Tee aus den getrockneten Blütenblättern hat unzählige weitere Eigenschaften: fiebersenkend, krampfstillend, abführend, blutreinigend, harn- und schweißtreibend. Er wird bei Problemen von Leber und Galle, Magen und Darm, nervösen Störungen und Menstruationsbeschwerden empfohlen – und zum Gurgeln bei Entzündungen in Mund und Rachen. Im Garten gelten die Blüten als Wetteranzeiger: Öffnen sie sich morgens spät oder gar nicht, gibt's bald Regen.

Die typische Bauerngartenblume ist anspruchslos, aber je sonniger der Standort, desto besser! Auch ideal für Mischkultur mit Gemüse, denn sie fördert die Gesundheit der Pflanzen und vertreibt Nematoden.

Die „Wucherblume" sät sich leicht selbst aus – deshalb sollten Sie rechtzeitig ausdünnen. Achten Sie auch darauf, dass sie nicht zu eng oder dunkel steht, sonst ist sie anfällig für Mehltau und Blattläuse.

Frisch können Sie die jungen Blätter und Blüten sammeln, zum Trocknen die heilkräftigen Blüten – die frisch aufgeblühten wirken und würzen am kräftigsten. Entweder ganze Köpfchen trocknen oder Blütenblätter

Frisch oder getrocknet sorgen Blüten für Safranfarbe in Reis und Kuchen, junge Blätter für herbwürziges Aroma im Salat. Blütenbäder (s. S. 59), Blütenöl (s. S. 49), Gesichtswasser (s. S. 60) oder Masken (s. S. 61) helfen bei problematischer, fettiger, unreiner, schlecht durchbluteter Haut und Akne. Spülungen mit oder ohne Essig (s. S. 61) pflegen jedes Haar und intensivieren braune bis rötliche Farbtöne.

Ringelblumensalbe

- 10 g frische Kräuter
- 100 g Schweineschmalz oder Vaseline oder Lanolin/Anhydrid oder Bienenwachs

Zubereitung

Stellen Sie eine Salbe nach dem Grundrezept (s. S. 57) her.

Verwendung

Der Klassiker! Die Carotinoide der Ringelblume lindern und desinfizieren selbst schlecht heilende Hautverletzungen und -erkrankungen, ihre Saponine lösen auch zähflüssiges Sekret oder Eiter. Die Salbe wirkt antimikrobiell, adstringierend und durchblutungsfördernd. Und so wird sie weitläufig eingesetzt: Bei Wunden (auch Brandwunden) und Entzündungen, bei Windeldermatitis oder Wundliegen bei Bettlägrigkeit, außerdem bei Quetschungen, Insektenstichen, Gelenk- und Muskelschmerzen. Und: Sie ist eine ideale Intensivpflege für raue und trockene Haut. Die Salbe wird entweder direkt oder als Auflage (s. S. 57) aufgebracht. Für Letzteres können Sie übrigens auch einen Blütentee (s. S. 55) oder eine -tinktur (s. S. 54) verwenden.

Salbei *SALVIA OFFICINALIS*

Gedichte wurden über ihn geschrieben, Sprichwörter geprägt, in Sagen und auf Gemälden wurde er als Pflanze der Jungfrau Maria verewigt – kein Wunder, wurde sie ja bereits in der Antike als Allheilmittel gepriesen und in Rom sogar unter dem Titel „herba sacra“, „heiliges Kraut“, verehrt, das schier endlos breite Spektrum, mit dem Salbei heute in der Medizin eingesetzt wird, gibt den alten Heilkundigen recht!

Eine typische Pflanze in Kräutergarten, sie gedeiht aber auch in Steingärten sowie auf Balkon oder Fensterbank. Salbei braucht einen lockeren, trockenen, kalkhaltigen Boden. Er wächst zwar im Halbschatten, in voller Sonne aber noch mal so gut – nur Wind verträgt er nicht.

Neben Kompost (im Herbst) etwas Algenkalk geben und schweres Erdreich mit Steinen oder Sand auflockern. Erwachsene Sträucher werden durch einen kräftigen Rückschnitt im Frühling verjüngt. Garant für beste Qualität: Den Stock nach etwa 3 Jahren teilen und umsetzen.

Aroma und Heilkraft sind kurz vor der Blüte am intensivsten – bester Erntezeitpunkt also, sowohl zur frischen Verwendung als auch zum Trocknen (ideal: im Backofen). Gesammelt werden Blätter und Triebspitzen.

Vorsicht: Zu große Mengen Salbei wirken giftig. Daher ist er in hoher Dosis oder zum Dauergebrauch als Getränk nicht zu empfehlen.

GESUNDE KÜCHE MIT SALBEI

In der gut bürgerlichen Küche gehört die „Fischsalve“ – wie der volkstümliche Name schon sagt – zu Fischgerichten, dabei besonders zu Aal. Inzwischen mag man es gerne mediterran und würzt Pasta, Gemüse und Fleisch mit Salbei oder garniert Schinken und Käse. Der Klassiker des Südens: Saltimbocca. Generell sollten Sie Salbei stets erst am Ende der Garzeit zugeben und eher sparsam dosieren – zu viel kann sogar schädlich sein! Salbei verleiht außerdem Kräuterbutter oder -essig ein mildes Aroma.

ZAHNPFLEGE MIT SALBEI

Bereits im Mittelalter wurde Salbei zur Zahnpflege genutzt. Zur Mundhygiene rieb man damals einfach Zähne und Zahnfleisch mit frischen Blättern des Krauts ab – und auch heute noch enthalten viele Mundwässer Salbei. Gurgellösungen (s. S. 55) können Sie sich ganz leicht aus Tee (s. S. 55) oder Tinktur (s. S. 54) selbst herstellen. Zur Prophylaxe oder akuten Entzündungen von Hals-, Mund- oder Rachen sowie bei Zahnfleischbluten mehrmals täglich damit gurgeln.

SALBEITEE

Die innerliche Anwendung des Tees (s. S. 55) ist vielfältig:

- Bei Husten, Erkältung oder Entzündung der Atemwege den Tee – am besten mit Honig gesüßt.
- Bei Magen- und Darmproblemen.
- Bei nervösem Schwitzen, Nachtschweiß und Hitzewallungen in den Wechseljahren. Salbei reduziert eine übermäßige Produktion der Schweißdrüsen.

WEITERE REZEPTE MIT SALBEI

Es gibt eine Vielfalt von Wasseranwendungen mit Salbei: Sie sind lindernd und wohltuend für Körper und Geist – und optimal zur Schönheitspflege.

- Kopfdampfbäder (s. S. 59) bei trockener Nasenschleimhautentzündung. Beim Inhalieren gelangen die ätherischen Öle des Salbeis genau an die richtige Stelle. Auch zur Schönheitspflege bei fetter, unreiner oder jugendlicher Problemhaut sowie für Akne zu empfehlen!
- Waschungen (s. S. 56) bei schlecht heilenden Hautverletzungen und Geschwüren. Hier macht man sich die desinfizierenden und entzündungshemmenden Eigenschaften des Salbei zur Wundheilung zunutze.
- Vollbäder am besten mit Tee als Zusatz (s. S. 59), denn die Blätter pur färben ab! Sie wirken antiseptisch und adstringierend bei unreiner, fettiger, schlecht durchbluteter und müder Haut sowie Akne. Der Duft der ätherischen Öle macht außerdem bei Mutlosigkeit und Müdigkeit wieder munter.

Salbeimaske

- 1 bis 2 TL Salbei (frisch oder getrocknet)
- 200 ml Wasser
- 1 Eiweiß
- 1 Spritzer Zitronensaft
- 2 TL Honig

Zubereitung

Stellen Sie einen Tee nach dem Grundrezept (s. S. 55) her. Das Eiweiß mit dem Zitronensaft steif schlagen. Den Honig falls nötig im Wasserbad verflüssigen und untermischen. So viel von dem abgekühlten Tee einrühren, dass die Mischung eine cremige Konsistenz hat.

Verwendung

Legen Sie die Maske nach dem Grundrezept (s. S. 61) auf. Salbei wirkt hier als Intensivpflege für fettige, unreine Haut.

Salbeipeeling

- 1 bis 2 TL Salbei (frisch oder getrocknet)
- 200 ml Wasser
- 3 EL Hafermehl
- 3 EL fein gemahlene Mandeln

Zubereitung

Tee nach Grundrezept (s. S. 55) herstellen. Mehl und Mandeln mischen und so viel von dem Tee unterrühren, bis ein weiches Peeling entsteht.

Verwendung

Aufgrund der entzündungshemmenden, antibakteriellen und desinfizierenden Eigenschaften des Salbei ist das Peeling optimal zur porentiefen Reinigung der fettigen, unreinen Haut. Verhornte Hautschuppen werden gelöst, die Haut durchblutet, weich und zart.

TIPP Etwas milder ist die Reinigungsmilch mit Salbei nach dem Grundrezept auf Seite 60.

RÄUCHERN MIT KRÄUTERN UND HARZEN

In allen Kulturen der Welt und zu allen Zeiten wurde geräuchert. Mit den duftenden Rauchspiralen die in den Himmel stiegen, traten die Menschen mit Göttern oder Naturgeistern in Verbindung. Räucherungen dienten als Opfergabe oder sollten Dämonen und böse Geister vertreiben, die nach altem Glauben Unheil und Krankheiten brachten. Der duftende Rauch diente aber nicht nur sakralen Zwecken; besonders im Altertum parfümierten die Menschen Räume und Gewänder damit oder steigerten die erotischen Sinnesfreuden. Heute ist nachgewiesen, dass viele Räuchermittel desinfizierend und heilend wirken.

Allein die Zeremonie des Räucherns wirkt meditativ und beruhigend. Die zarten Rauchfahnen ziehen alle Augen in ihren Bann. Je nachdem welche Harze oder getrockneten Pflanzenteile verglimmen, verbreitet sich süßer und schwerer, balsamischer oder erfrischender Duft im Raum. Die ätherischen Öle, die durch die Hitze frei werden und sich im Raum verteilen, gelangen durch die Atmung in unseren Körper und entfalten dort ihre Wirkungen. Der Duft kann beruhigen oder den Geist anregen, den Verstand schärfen oder einlullen, die Kreativität steigern oder eine Meditation vertiefen.

Bei uns ist dieses Ritual erst in den letzen Jahren wiederentdeckt worden. In weiten Teilen der Erde aber, besonders in buddhistischen und hinduistischen Ländern gehört das Räuchern seit Urzeiten zum täglichen Leben.

Schritt für Schritt: Räuchern

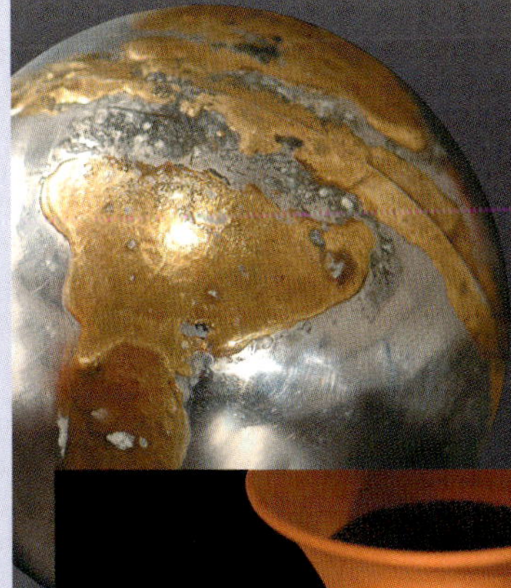

- Verwenden Sie eine flache, feuerfeste Schale oder eine Räucherschale, etwas Sand, Räucherkohle und Räucherwerk.
- Halten Sie die Kohle mit einer Pinzette und zünden Sie sie an.
  Vorsicht, Räucherkohle ist mit Salpeter getränkt und versprüht am Anfang Funken!
- Achten Sie auch auf ausreichend frische Luft im Raum, wie eine offene Flamme verbraucht das Räuchern Sauerstoff.
- Wenn die Kohle durchgeglüht ist, legen Sie die Scheibe mit der Vertiefung nach oben auf die mit Sand gefüllte Schale. Ohne Sand erhitzen sich die Gefäße zu stark.
- Fächeln Sie der Kohle Luft zu, dann streuen Sie vorsichtig eine Prise Räuchergut darauf. Die Hitze setzt die ätherischen Öle sofort frei.
- Sowie das Räuchergut schwarz geworden ist, wird es mit einem Stöckchen vorsichtig von der Kohle geschoben, der Duft ist dann verraucht.
- Legen Sie solange neues Räucherwerk auf, bis die Kohle verglüht ist.
- Vorsicht, das Räuchergefäß ist heiß und muss an einem sicheren Ort abkühlen!

Was kann man verräuchern?

Alle duftenden Pflanzenteile, getrocknet und fein zerrieben lassen sich auf die glühende Kohle legen: getrocknete Heilkräuter, Hölzer, Tannennadeln, Harzkügelchen, getrocknete Schalen von Zitrusfrüchten, auch Küchengewürze wie Zimt, Nelke, Koriander, Anis. Näheres dazu lesen Sie bei den einzelnen Heilpflanzen. Fertige Räuchermischungen gibt es in Bioläden, Kräutergärtnereien und Esoterikgeschäften. Viele Kräuter und Harze können Sie einzeln in der Apotheke bestellen.

Thymian *THYMUS VULGARIS*

Aromatherapie und Aberglaube: Das Ausräuchern des Stalls mit Thymian sollte Blitzschlag und Krankheit vom Vieh fernhalten. Im Mittelalter war man sogar davon überzeugt, der Duft vermittle die Fähigkeit, Feen zu sehen. Eine mittelalterliche Ansicht hat man auf jeden Fall in die moderne Zeit übernommen – in der Schönheitspflege: „Wer ein unreines Gesicht hat, der gebe viel Thymian in die Speisen"!

Passt mit seinen malvenfarbenen Blütenpolstern nicht nur in Kräutergarten oder -spirale, sondern auch in Ziergärten – speziell Steingärten. Thymian liebt magere, trockene, durchlässige Böden. Und viel Sonne!

Stets für lockere Erde sorgen, wenn nötig mit Gesteinsmehl oder Sand mischen, evtl. etwas Kompost zugeben. Im Frühjahr zurückschneiden und die Pflanze nach 3 bis 4 Jahren durch neue ersetzen. Sie können auch teilen und umsetzen.

Frische Blätter können Sie immer pflücken. Zum Konservieren wird der obere Teil des gerade erblühten (!) Krauts geschnitten – um die Mittagszeit, da soll Geschmack wie Heilkraft am besten sein. Die medizinisch wirksamen Blüten und Blätter werden nach dem Trocken abgerebelt.

Traditionell ist Thymian eine gesunde Verfeinerung von schweren Speisen, denn er macht sie bekömmlicher. Dennoch: Stets sparsam würzen! Außerdem ist er ideal zum Konservieren in Öl und Essig (s. S. 48). Die Blätter sind ein probates Mittel bei Erkältungen und Magen-Darm-Beschwerden.

WILDER THYMIAN ODER QUENDEL

THYMUS SERPYLLUM

Quendel gleicht in seinem Ansprüchen an Boden und Pflege sowie in seiner frischen Verwendung und Trockenmethode dem Thymian. Auch als Medizin wirkt er ähnlich – nämlich antimikrobiell, fiebersenkend und krampfstillend: Tee (s. S. 55) – am besten gesüßt mit Honig (s. S. 53) aus Quendel – hilft bei Husten und Bronchitis, ungesüßt bei Blähungen und Bauchweh. Als Zusatz im Badewasser (s. S. 59) hilfreich bei Menstruationsbeschwerden.

GESUNDE KÜCHE MIT THYMIAN – BOUQUET GARNI

Traditionell kommt das Bouquet Garni aus der französischen Küche und besteht aus Thymian, Petersilie, Kerbel und Lorbeer. Die Kräuter werden mit einem Küchengarn zu einem Sträußchen – eben einem „Bouquet" – gebunden, in das Gericht getaucht und am Topfgriff befestigt. Sie können so ihr Aroma entfalten und vor dem Servieren entfernt werden. Verleiht Eintöpfen, Suppen und Saucen seinen typischen Geschmack.

RÄUCHERUNG MIT THYMIAN

Bis in die Antike zurück reicht der Glaube, der Duft banne „böse Geister" – auch von innen: Ein Strauß Thymian im Haus, an dem man immer wieder riecht, sollte schlechte Gedanken und Gefühle vertreiben. Und so wird Thymian bis heute zum Räuchern (s. S. 124) verwendet. Er soll dabei helfen, Selbstzweifel und Stimmungstiefs zu überwinden und seelische Stärke und Willenskraft zu erringen, besonders in schwierigen Situationen des Lebens.

Weitere Rezepte mit Thymian

Thymian liefert eine Vielzahl von heilenden Inhaltsstoffen: zahlreiche ätherische Öle – allen voran Thymol mit seinem kampferartigen Aroma –, Bitter- und Gerbstoffe sowie Harze. Sie machen seine antibakterielle und krampf- und schleimlösende Wirkung aus. Und so ist das Anwendungsspektrum des Tees (s. S. 55) aus getrockneten Blättern und Blüten sehr breit:

- Der Tee ist er ein intensives Bronchialtherapeutikum. Er hilft besonders, wenn der Husten fest sitzt oder bei krampfartigen Hustenanfällen und sogar bei Keuchhusten von Kindern. Extrastark – mit Thymianhonig (s. S. 53).
- Der Tee desinfiziert und löst Krämpfe im Magen-Darm-Bereich, sollte dann aber nicht gesüßt werden.
- Er stärkt die Nerven – und ist ein Geheimtipp gegen Katerstimmung!
- Er hat sich auch als Basis für Auflagen (s. S. 57) bei infizierten und schlecht heilenden Wunden bewährt.
- Für Entzündungen im Mund- und Rachenraum können Sie den Tee als Gurgellösung (s. S. 55) verwenden.

Schönheitspflege mit Thymian

- Kopfdampfbad (s. S. 59) und Kompresse (s. S. 57): Reguliert die Talgdrüsen und kann Entzündungen und Akne lindern.
- Maske (s. S. 61): Belebt und pflegt fettige und unreine Haut.
- Gesichtsöl (s. S. 49): Aufgrund der antiseptischen Eigenschaften des Thymian die Spezial-Nachtpflege für unreine Haut.
- Reinigungsmilch (s. S. 60): Befreit Problemhaut von Fett, Talg und Unreinheiten.
- Haarspülung aus Tee (s. S. 55): Frische für fettiges Haar!

Wasseranwendungen mit Thymian

- Kopfdampfbäder (s. S. 59): Bei Husten und Bronchitis, Schnupfen oder Stirnhöhlenentzündungen. Durch die Dämpfe gelangt die besonders wirksame Komponente des ätherischen Öls – Thymol – direkt in die oberen Atemwege und bekämpft dort Bakterien und löst den Schleim.
- Bäder (s. S. 59): Die mildere Variante des Dampfbads bei Bronchitis, Husten (speziell Reiz- oder Krampfhusten) und sogar bei Asthma – und wenn eine Erkältung im Anzug ist. Wegen der desinfizierenden Wirkung des Thymians wird es auch bei Hauterkrankungen oder -verletzungen sowie bei unreiner Haut empfohlen. Und: Es ist ein richtiger Muntermacher und bringt Kreislauf und Durchblutung in Schwung.

TRADITIONELLE CHINESISCHE MEDIZIN MIT KRÄUTERN

KLEINES TCM-WÖRTERBUCH

Chi = Lebensenergie

Yin = weiblich, passiv, depressiv; untere, vordere, rechte Körperhälfte, Herz, Lunge, Milz, Leber, Nieren, Knochen, Haut.

Yang = männlich, aktiv, heiter; obere, hintere, linke Körperhälfte, Gallenblase, Magen, Dünndarm, Dickdarm, Blase, Knorpel, Sehnen.

GRUNDLAGEN FÜR DIE ANWENDUNGEN

In der Traditionellen Chinesischen Medizin dürfen niemals Metallgefäße verwendet werden – weder zum Kochen, noch zum Zerkleinern der Kräuter! Alternativen sind z. B. emaillierte Töpfe und Mörser. Grundlage für die Anwendung sind hier die getrockneten heilkräftigen Teile der Kräuter – falls nicht extra angegeben wie in den einzelnen Pflanzenportraits beschrieben. Rezepte für Tee und Abkochung finden Sie auf Seite 55 und für den Ölauszug auf Seite 49.

Basilikum

Einheimische Kräuter und ihre Wirkung in der chinesischen Medizin

- **Basilikum**

Wirkt kräftigend auf Chi, beruhigend auf Yin. Als Abkochung des ganzen Krauts innerlich für Blasenerkrankungen, Kopfschmerz, Magenbeschwerden und Störungen im Menstruationszyklus; äußerlich für Auflagen bei Hautproblemen oder Insektenstichen.

- **Brunnenkresse**

Wirkt kräftigend auf Chi. Abkochung des ganzen Krauts innerlich bei Blasenentzündungen, Bläschen im Mundraum und bei trockenem Husten.

- **Dill**

Wirkt kräftigend und ausgleichend auf Chi, beruhigend auf Yin. Abkochung der Samen und Sprossspitzen innerlich bei Erkältungen, Magen-Darm-Beschwerden, Bluthochdruck; Ölauszug äußerlich bei Rückenschmerzen.

- **Fenchel**

Wirkt kräftigend auf Chi, beruhigend auf Yin. Tee oder Abkochung innerlich bei Magen-Darm-Problemen und Menstruationsbeschwerden; als Ölauszug äußerlich bei Rückenschmerzen.

- **Koriander**

Wirkt kräftigend und ausgleichend auf Chi, beruhigend auf Yin. Abkochung der Samen innerlich bei Magen-Darm-Beschwerden.

- **Pfefferminze**

Wirkt ausgleichend auf Chi, kräftigend auf Yang. Tee innerlich bei Fieber und Verdauungsstörungen.

- **Rosmarin**

Wirkt ausgleichend auf Chi, beruhigend auf Yin. Abkochung der Blätter innerlich bei nervösen Störungen.

Brunnenkresse

Dill

Fenchel

Koriander

Pfefferminze

Rosmarin

AYURVEDA MIT KRÄUTERN

Ayurveda – eine Jahrtausende alte Lehre aus Indien wurde in den letzten Jahren zum Trend der Wellness-Szene. Und das aus gutem Grund. Denn ihre Theorie der ganzheitlichen Medizin – Ursachenforschung und harmonisierende Prophylaxe und Therapie statt starrer Symptombekämpfung – hat sich empirisch und wissenschaftlich bewahrheitet und bewährt.

Ganz wichtig dabei: die Einteilung des individuellen Typs in die Grundtemperamente, die so genannten Doshas: Vata, Pitta und Kapha. Prüfen Sie anhand der unten stehenden Liste, bei welchen Organen Beschwerden auftauchen? Wie ist meine körperliche und geistige Konstitution? Je nachdem, welcher Teil des Organismus betroffen ist, bzw. welche Energie bei Ihnen zu stark ausgeprägt ist, wird mit ayurvedischen Mitteln beruhigt, damit das natürliche Gleichgewicht wiederhergestellt wird.

Kräuter spielen dabei eine wichtige Rolle – in der gezielten Behandlung mit Ölgüssen und -massagen: Bis zu 40 Heilkräuter können in so einem Rezept stekken! Doch diese Anwendungen gehören in die Hände eines erfahrenen Ayurveda-Arztes. Mit Tees und Gewürzen können Sie aber auch bei sich zu Hause experimentieren – probieren Sie einfach aus, was Ihrem Dosha-Typ gut tut! Viele der Kräuter aus der unten stehenden Liste sind multifunktionell – das liegt daran, dass viele über allgemein harmonisierende Eigenschaften verfügen und so immer dort ausgleichen, wo etwas aus der Balance geraten ist.

Einteilung in die Grundenergien

• VATA

Sinnesorgane und Nervensystem, Beweglichkeit von Körper und Geist. Zu viel Vata äußert sich in einer nervösen und hektischen Persönlichkeitsstruktur.

• PITTA

Stoffwechsel und Verdauung. Zu viel Pitta äußert sich in einer aggressiven und dominierenden Persönlichkeitsstruktur.

• KAPHA

Immunsystem, Ausgeglichenheit von Körper und Geist. Zu viel Kapha äußert sich in einer unbeweglichen und starren Persönlichkeitsstruktur.

Einheimische Kräuter zur Beruhigung der Doshas

Beruhigung von Vata
Kamille, Beinwell, Holunderblüten, Fenchel, Lavendel, Pfefferminze – Anwendung in Teeform.
Anis, Basilikum, Bohnenkraut, Dill, Estragon, Fenchel, Koriander, Lorbeerblätter, Majoran, Oregano, Petersilie, Pfefferminze, Rosmarin, Salbei, Thymian – als Gewürz.

Beruhigung von Pitta
Kamille, Beinwell, Löwenzahn, Holunderblüten, Fenchel, Hopfen, Eibisch, Veilchen, Lavendel, Pfefferminze, Schafgarbe, Melisse – Anwendung als Tee.
Basilikum, Dill, Estragon, Fenchel, Koriander, Petersilie, Pfefferminze – als Gewürz.

Beruhigung von Kapha
Borretsch, Kamille, Löwenzahn, Holunderblüten, Lavendel, Pfefferminze, Salbei, Schafgarbe, Veilchen, Ysop, Melisse – Anwendung als Tee.
Anis, Basilikum, Bohnenkraut, Dill, Estragon, Fenchel, Koriander, Kümmel, Lorbeerblätter, Majoran, Oregano, Petersilie, Pfefferminze, Rosmarin, Salbei, Thymian – als Gewürz.

FÜR GESUNDHEIT

WILDKRÄUTER UND SCHÖNHEIT VON A BIS Z

Große Brennnessel *URTICA DIOICA*

Unkraut oder Heilkraut? Die Medizin ist sich einig, und das bereits seit Hippokrates. Denn dieser verordnete die Pflanze bereits zur „Blut- und Leberreinigung“ und die Naturheilkunde bestätigt: Sie entgiftet und regt Kreislauf und Durchblutung an. In der modernen Wissenschaft gilt sie als Harn treibendes sowie – speziell bei Rheuma – als entzündungshemmendes und schmerzlinderndes Therapeutikum.

In der freien Natur können Sie die Pflanze überall finden, im Garten sollten Sie ihr eine versteckte Ecke an Hecken, Sträuchern, Zaun oder Kompost zuweisen, auf keinen Fall im Beet: Sie wuchert extrem!

Stets für feuchte und stickstoffreiche Erde sorgen, etwas Kompost geben. Wurzelausläufer entweder mit dem Spaten ausstechen oder mit einer unterirdischen Beetumrandung aus Holz oder Folie in Schach halten.

Frisch nur junge Blätter und Sprosse des Frühjahrs, später nur mehr Triebspitzen, zum Trocknen das ganze Kraut ernten (vor oder während der Blüte), die Wurzel im Herbst. Alle Teile sind heilkräftig.

Frische Blätter und zarte Triebe werden für die Küche verwendet, Blätter, Stängel, Samen (frisch und getrocknet) für Gesundheit und Schönheit: etwa als Tinktur (s. S. 54) für Einreibungen gegen Rheuma, Gicht und Ischias und – seltener für die Hausapotheke – die Abkochung (s. S. 55) der Wurzeln gegen Prostatabeschwerden. Gegenanzeige: Bei Ödemen muss auf die Anwendung von Brennnesseln verzichtet werden!

TIPP Kleine Erntehilfe: Sollten Sie trotz Handschuhen mit den Nesseln in Berührung gekommen sein, helfen Einreibungen mit Gundelrebe, Spitzwegerich oder Rosenöl.

KLEINE BRENNNESSEL

URTICA URENS

Sie ähnelt in Wuchs und Verwendung in der Küche der Großen Brennnessel – doch statt der stolzen 1,50 m Höhe, die letztere erreichen kann, wird die Kleine Brennnessel nur 15 bis 60 cm groß. Und: Anders als ihre Verwandte neigt sie nicht zum Wuchern, da sie keinen Wurzelstock mit Ausläufern bildet. Sie ist daher eher für die Kultivierung im Garten geeignet. Andererseits muss man dann aber auf die Heilwirkung der Wurzel verzichten.

WILDKÜCHE MIT BRENNNESSELN

Powerpaket Brennnessel: Sie liefert Mineralien und Spurenelemente, Vitamin A und C – und zwar im großen Stil: 100 g frische Brennnesseln enthalten 200 bis 330 mg Vitamin C, das ist 4- bis 6-mal so viel wie in Spinat! Ein Kochversuch lohnt sich also. Ein Klassiker ist das Wildgericht. Die jungen Blätter können aber auch in anderem Gemüse oder Suppen mitgekocht werden. Frisch und fein gehackt würzen sie bunte Frühlingssalate, Quark und Dips. Und in etwas Öl angebraten, verleihen sie Omeletts ein herb-pikantes Aroma.

Brennnessel-Teekur

Zubereitung

Stellen Sie einen Tee aus frischem oder getrocknetem Kraut nach dem Grundrezept auf Seite 55 her. Trinken Sie über einen Zeitraum von 4 bis 8 Wochen morgens zwei und abends 1 bis 2 Tassen davon.

Verwendung

Eine Brennnesselkur ist der ideale Fitmacher im Frühling: Flavonoide und Histamin unterstützen die Durchspülung von Leber, Galle, Nieren und Harnwegen; Schlacken werden schneller ausgeschieden, der Stoffwechsel angeregt.

BRENNNESSEL-BEAUTY

Der volkstümliche Name „Haarnessel" macht bereits deutlich, auf welchem Gebiet die Pflanze hauptsächlich noch verwendet wurde – als Schönheitsmittel für kräftiges, gesundes und glänzendes Haar. Eine Spülung regt außerdem die Durchblutung der Kopfhaut an, stärkt die Haarwurzel, wirkt mild desinfizierend und beugt der Bildung von Schuppen vor – und ist blitzschnell fertig. Als Basis können Sie sowohl frisches als auch getrocknetes Kraut verarbeiten.

- Zur Soforthilfe: Die Haarspülung ohne Essig (s. S. 61).
- Zum Aufbewahren für mehrere Anwendungen: Die Haarspülung mit Essig nach dem Grundrezept auf Seite 61 herstellen. Vorsicht: Bei blondem Haar eher sparsam damit umgehen, da die Brennnessel grün färben könnte. Hier auf jeden Fall immer getrocknetes Pflanzgut verwenden.

Kräuter-Gesichtswasser

- 2 EL getrocknete Brennnesseln
- 1 EL getrockneter Salbei
- 50 ml Alkohol (70 %)
- 250 ml Wasser

Zubereitung

Das Gesichtswasser wird im Prinzip wie die Tinktur (s. S. 54) hergestellt – nur statt reinem Alkohol wird ein Alkohol-Wasser-Mix verwendet. Nach 1 bis 2 Wochen können Sie es abfiltern.

Verwendung

Das Gesichtswasser reinigt selbst fettige Haut porentief von Schmutz und Hornpartikeln und wirkt adstringierend.

TIPP Vergessen Sie auch hier bitte nicht, dass für die Naturkosmetik stets destilliertes Wasser verwendet wird!

Das Anti-Cellulite-Programm

- 20 g getrocknete Brennnessel
- 10 g getrockneter Efeu • 1 l Wasser

Zubereitung

Stellen Sie eine Abkochung nach dem Grundrezept (s. S. 55) her, die einen Tag ziehen soll.

Verwendung

Brennnessel und Efeu:
der Geheimtipp gegen Orangenhaut!

- Der Sud wird zum Tränken von Auflagen (s. S. 57) verwendet. Legen Sie diese jeweils 15 Minuten im Drei-Tage-Turnus auf die Problemzonen auf.
- Außerdem ist der Sud Basis für Bäder. Sie können diese auch mit reinen Brennnessel-Kräuterbädern (s. S. 59) oder flüssigem Zusatz (s. S. 59) abwechseln. Dabei unbedingt beachten: Nicht länger als 15 Minuten baden!
- Zur Intensivierung der Anti-Cellulite-Kur: Viel Brennnesseltee (s. S. 55) trinken!

Gänseblümchen *BELLIS PERENNIS*

Kleine Blume – große Wirkung: Das „Tausendschönchen" macht seinem Namen alle Ehre, denn stattlich ist die Zahl seiner medizinischen Eigenschaften: blutreinigend und wasserausscheidend, entzündungshemmend und wundheilend, husten- und krampflösend und mehr. Plus: bewährt im Kampf gegen unliebsame Pfunde, denn dem Volksmund zufolge „halten etliche für das Abnehmen sehr viel auf diese Blumen"!

In der Natur schmücken Gänseblümchen ab März Wegränder, Weiden und Wiesen. Dort fühlen sie sich auch im Garten wohl: Im Rasen oder als Randbepflanzung. Hauptsache sonnig und gut gewässert!

Samt sich zwar von alleine aus, bildet dann aber ungefüllte Blüten. Sie können dies vermeiden, indem Sie die Blume selbst vermehren, und zwar durch Teilung. Mit Kompost pflegen.

Frisch sammeln können Sie die Blätter, Blüten und die noch nicht behaarten Knospen bis in den November hinein, am feinsten aber ist die frühe Ernte. Zum Trocknen die gesamte Blüte samt Kraut abschneiden.

Klassisch ist eine Frühlingskur zur Entschlackung mit Tee (s. S. 55). Die Bitterstoffe regen die Ausschüttung von Magensaft und Gallenflüssigkeit an, Verdauungsorgane und Leber arbeiten besser; die Saponine wirken antibiotisch und sorgen so für Keimfreiheit im Körper, die Flavonoide tun Herz und Kreislauf gut. Trinken Sie einige Wochen lang 1 bis 2 Tassen pro Tag.

Gänseblümchen-Gesichtswasser

- 2 EL frische Gänseblümchen
- 150 ml Hamameliswasser
- 50 ml Alkohol (70 %) • 2 EL Essig

Zubereitung

Kraut in eine Glasschüssel geben, Hamameliswasser, Essig und Alkohol darüber gießen und einen Tag ziehen lassen. Abseihen und kühl stellen.

Verwendung

Gänseblümchen wirken mild desinfizierend und regulieren die Talgdrüsenüberfunktion der fettigen und unreinen Haut, auch bei Akne. Der Essig reguliert den Säureschutzmantel der Haut.

WILDKÜCHE MIT GÄNSEBLÜMCHEN

Salaten, Frischkäse oder Dips verleihen die frischen Blätter die nussige Note von Feldsalat, die Blüten fungieren als Farbtupfer.

- Die kandierten Blüten (s. S. 53) sind mit ihrem zarten Marzipanaroma zauberhaftes Naschwerk und Garnierung für Eis, Dessert und Gebäck.
- Die Knospen werden in Öl oder Essig mariniert und gelten als Ersatz für Kapern (s. S. 48).

GÄNSEBLÜMCHEN-AUFLAGE

Auflagen sind angezeigt bei Wunden, Entzündungen, sogar bei Ekzemen. Sie sollten mehrmals am Tag durchgeführt werden.

- Soforthilfe mit frischen Blättern und Blüten: Zerstoßen und direkt auf die betroffene Hautstelle legen.
- Wenden Sie die Auflage nach dem Grundrezept (s. S. 57) mit einem Tee aus frischen oder getrockneten Blüten an.

TIPP Der – möglichst heiß getrunkene – Tee hilft auch gegen Husten!

Giersch *AEGOPODIUM PODAGRARIA*

In Rasen und Beet gefürchtet, in der Hausapotheke und auf dem Speiseplan geschätzt: der Giersch. Während er als Unkraut der Schrecken jedes Gärtners ist, da er mit seinen kaum klein zu kriegenden weit verzweigten Ausläufern alles wild überwuchert, verleiht ihm die Volksmedizin Titel wie „Gichtkraut" und „Zipperleinkraut". Denn bei vielerlei Beschwerden hat er sich als beliebtes und probates Mittel bewährt: Er wirkt wasserausscheidend, löst Husten und Krämpfe, mildert Insektenstiche und tut dem Magen gut.

Wild wächst Giersch in Wäldern und Parks, an Ufern, Hecken und Waldrändern. Doch Vorsicht: Es besteht Verwechslungsgefahr mit dem giftigen Wasserschierling (*Cicuta virosa*)! Daher auf keinen Fall bei der kleinsten Unsicherheit in der freien Natur sammeln!

Gilt als Anzeiger für humosen, feuchten und tiefgründigen Boden. Um ihn einzudämmen und gleichzeitig seine Grünmasse zu nutzen, können Sie ihn zu Jauche verarbeiten – diese aber erst verwenden, wenn der Gärprozess vollständig abgeschlossen ist.

Blätter und junge Sprosse können Sie immer wieder pflücken und frisch verwenden. Zum Trocknen die Fruchtstände im Juli/August, die Wurzeln im Frühling oder im Herbst.

Frische Stängel und Blätter werden zerquetscht und auf Insektenstiche oder Wunden aufgelegt. Tee oder Abkochung (s. S. 55) der Wurzeln helfen gegen Rheuma, Ischias, Arthritis und Gicht.

WILDKÜCHE MIT GIERSCH

Neben den ätherischen Ölen, die ihn für die Medizin so wertvoll machen, liefert Giersch Eiweiß und Vitamin C. Aber vor allem sein hoher Vitamin-A-Gehalt – er ist doppelt so hoch wie der von Brokkoli – machen ihn zu einem Spitzenreiter in Sachen gesunde grüne Küche. Gourmet-Tipp: Feinschmecker schwören auf eine frühe Ernte – bis Ende April soll das Aroma am besten sein!

- Die frischen jungen Blätter und Triebe passen fein gehackt in Salate: als milde Würze zu Kartoffelsalat – oder wegen seiner entwässernden Eigenschaften als Fitmacher in einen Frühlingssalat!
- Warm schmeckt Giersch als Wildgemüse oder einfach in Öl angebraten – z. B. zu Kartoffeln.
- Traditionell gehört Giersch in die Grüne Suppe.

Holunder *SAMBUCUS NIGRA*

Unzählige Mythen und Märchen gibt es rund um den Holunder: Er besitze magische Kräfte und bewahre als Schnittstelle zwischen Ober- und Unterwelt gegen Böses aller Art. Ebenso umfangreich ist seit alters seine Verwendung in der Küche: Man kann Blüten wie Beeren verarbeiten, beide eignen sich für Süßes und Pikantes gleichermaßen, der Geschmack ist unvergleichlich – und der Genuss auch noch gesund!

Findet sich in der Natur vielerorts: an Wäldern, Böschungen, Lichtungen und überall in der Nähe menschlicher Siedlungen. Vorsicht: Verwechslungsmöglichkeit mit giftigem Zwergholunder (*Sambucus ebulus*), der jedoch nur 1,50 m groß wird – im Gegensatz zum Holunder mit bis zu 10 m Höhe. Im Garten braucht er einen Platz im Gebüsch- und Heckenbereich oder neben dem Kompost.

Der Boden sollte nährstoffreich, gut durchlässig und feucht gehalten werden. Den Wurzelbereich mit Gartenkompost düngen oder mulchen. Regelmäßig auslichten.

Blätter und Rinde von jungen Zweigen, die Blütenstände nach dem vollen Aufblühen vorsichtig schneiden und frisch oder getrocknet verwenden. Die Beeren werden gepflückt, wenn sie dunkelviolett oder schwarz sind.

In der Hausapotheke altbewährt: Blüten, Blätter oder Rinde getrocknet als Tee (s. S. 55); die Beeren als eingekochter Saft. Achtung: Beeren nicht roh verzehren, sie rufen Vergiftungserscheinungen hervor!

Fliedertee

Zubereitung

Stellen Sie einen Tee aus 2 TL getrockneten Holunderblüten oder 2 EL frischen Blüten nach dem Grundrezept auf Seite 55 her.

Verwendung

Ein Klassiker als Schwitzkur bei fieberhafter Erkältung und zur Prophylaxe als Immunstimulanz. Möglichst heiß trinken! Auch bei Rheuma, Blasen- oder Nierenproblemen zu empfehlen.

WILDKÜCHE MIT HOLUNDERBLÜTEN

Die Blüten liefern zartes Aroma für Süßspeisen, Sorbets, Gebäck, Bowle (s. S. 52) sowie Marmeladen – auch exotische etwa mit Orange oder Kiwi. Ein Sirup (S. 53) oder Likör (s. S. 52) wird mit Mineralwasser oder Prosecco zum erfrischenden Sommer-Smoothie aufgegossen. Extravariante: mit grünem Tee oder einem Spritzer Gingko- oder Aloe-Vera-Extrakt! Der Klassiker schlechthin: Hollerküchlein.

Holunderblätter- und -rinden Abkochung

Zubereitung

Stellen Sie eine Abkochung aus 2 EL frischen Blättern oder 2 TL getrockneten Blättern und Rinde nach dem Grundrezept auf Seite 55 her.

Verwendung

Der Tee wirkt harntreibend, entgiftend und abführend und wird auch bei Rheuma und Gicht angewendet. Nur 1 bis 2 Tassen über den Tag verteilt trinken – er kann den Magen reizen!

WEITERE REZEPTE MIT HOLUNDER

Frau Holle oder andere Hausgötter und gute Geister sollen in dem Strauch wohnen und vor Übel schützen, Musik einer Harfe aus Holunderholz die Musen verzaubern, das Spiel auf einer Flöte aus dem Holz Elfen zum Tanz locken. Um kaum eine andere Pflanze ranken sich so viele Legenden wie um den Holunder – und kaum eine kann eine so lange verbürgte Geschichte nachweisen: Seit der Steinzeit wird er geschätzt und genutzt! Kein Wunder – Rinde, Blätter, Blüten und Beeren, alle sind heilkräftig. Blätter und Rinde liefern u. a. Glykoside, die Blüten außerdem ätherische Öle, Schleim, Gerbstoffe und Flavonoide, die Beeren Vitamine A, C, B1 und B2 sowie Mineralstoffe (sie sollten jedoch ausschließlich reif und gekocht verwendet werden, sonst sind sie nicht bekömmlich). Und das so genannte Holunderblüten-Wasser war jahrhundertelang ein beliebtes und berühmtes Schönheitsmittel. Nutzen Sie also die Vielfalt für Hausapotheke, Küche und Kosmetik, z. B. als Maske (s. S. 61)!

WILDKÜCHE MIT HOLUNDERBEEREN

Der säuerliche Saft passt gut zu Wild, Geflügel und Fleisch, der Likör (s. S. 52) im Winter zu Grog, im Sommer zu Sekt. Eingemacht sind die Beeren der Gourmet-Tipp zu Wild. In Gelee oder Marmelade verfeinern sie Äpfel und andere Beeren – experimentieren Sie dabei mit Gewürzen wie Zimt, Nelken, Vanille oder Kardamom! Oder probieren Sie statt Blaubeer- einmal Hollerpfannkuchen oder -schmarrn!

Holunderblüten-Peeling

- 2 EL frische Blüten oder 2 TL getrocknete Blüten
- 250 ml Wasser
- 50 g gemahlene Mandeln
- 15 g Bienenwachs
- 30 g Kernseife • 50 ml Essig

Zubereitung

Stellen Sie einen Tee nach dem Grundrezept auf Seite 55 her. Die Hälfte des heißen Tees über die Mandeln gießen und gut verrühren. Die Seife fein hobeln und unter ständigem Rühren im übrigen Tee auflösen, dann das Bienenwachs darin schmelzen. Mit der Holunder-Mandel-Masse mischen. Unter ständigem Rühren den Essig zugeben und das Peeling kühl stellen.

Verwendung

Gönnen Sie sich im Frühling ein Ganzkörper-Peeling mit duftenden Holunderblüten! Es reinigt und klärt – besonders fette und unreine Haut – und macht sie fit für die Sommersaison. Für das Gesicht bitte beachten: Bei dünnem, feinporigen, empfindlichem Teint oder bei Neigung zu Couperose sollten Sie grundsätzlich sehr vorsichtig mit Peelings umgehen. An den verhornten Stellen an Ellbogen und Füßen sind Peelings jedoch optimal!

Basic – Holundermus

- 500 g Holunderbeeren
- 250 g Pflaumen
- 300 g (Gelier)Zucker
- etwas Zitronensaft
- Wasser nach Bedarf

Zubereitung

Früchte zerkleinern, mit Zucker und Flüssigkeit ziehen lassen, dann dick einkochen. Passieren und in sterile Gläser abfüllen.

Verwendung

Das Mus bildet die Basis für viele Rezepte: als Füllung z. B. für Pfannkuchen, (Germ)Knödel oder Powidl-Tascherl. Es eignet sich auch vorzüglich zum Mixen in Milchshakes, mit Zimt und Zucker als Beilage zu Süßspeisen, mit Äpfel und Birnen gedünstet als Kompott.

Hopfen *HUMULUS LUPULUS*

Dass aus Hopfen seit Jahrhunderten Bier gebraut wird, ist bekannt. Weniger verbreitet ist das Wissen um seine kulinarische Geschichte: Schon im alten Rom erfreute man sich an lukullischen Leckerbissen aus seinen jungen Sprossen – heute wird der „Hopfenspargel" von der neuen Vitalküche wieder entdeckt. Und als Medizin schätzte ihn bereits Hildegard von Bingen zur Beruhigung und Entspannung.

„Heidehopfen", „Strauchhopfen", „Waldhopfen" oder „Wiesenhopfen" wird der Hopfen genannt – und bezeichnet damit bereits die Orte seines naturgemäßen Vorkommens. Im Garten sollten Sie der weiblichen Pflanze – denn nur diese ist heilkräftig! – einen feuchten Platz anbieten.

Hopfen braucht eine Rankhilfe, z. B. ein Gitter oder eine Pergola. Er kann sich bis zu 6 m weit schlingen – ein Rückschnitt im Herbst ist daher ratsam – und Garant für feine Triebspitzen als „Spargel" im Frühling.

Für die Küche werden die jungen Sprossen bis Mai frisch geschnitten; für die Hausapotheke die weiblichen Zapfen im späten Sommer, noch bevor sie vollständig ausgereift oder braun sind, geerntet und getrocknet.

Frische Triebe passen roh oder gekocht in die Küche. Die Zapfen helfen als Likör (s. S. 52) oder Tinktur (s. S. 54) innerlich bei Schlaflosigkeit und bei Verdauungsstörungen; Kompressen (s. S. 57) und Masken (s. S. 61) sind der Geheimtipp gegen faltige und schlaffe Haut.

WILDKÜCHE MIT HOPFENSPROSSEN

- Als Würze: Frische Sprosse mit anderen Kräutern fein gehackt peppen jeden Salat auf!
- Als Spargel: Junge Triebe wie Spargel blanchieren und auch so servieren.
- Im Teigmantel: Stängelspitzen durch Pfannkuchen-, Kichererbsen- oder – stilecht – Bierteig ziehen und im heißen Fett goldbraun ausbacken. Eine Delikatesse als Side Dish oder mit Dips als Hauptmahlzeit.

HOPFENBLÜTEN-DUFTKISSEN

Die Zapfen des Hopfens werden traditionell als Füllung für Duftsäcke oder -kissen verwendet – meist zusammen mit anderen Kräutern wie Lavendelblüten oder Baldrianwurzeln – und zwar als entspannende Einschlafhilfe. Stellen Sie das Kissen nach der Anleitung (s. S. 62) her, und lassen Sie sich von den Aromen beruhigen.

HOPFENBLÜTEN-TEE

Der Tee (s. S. 55) der Zapfen wird innerlich wie äußerlich verwendet, die ätherischen Öle, Bitterstoffe und Flavonoide wirken dabei u. a. appetitanregend, entkrampfend und antibakteriell.

- Innerlich: Bei Verdauungsproblemen und nervösen Beschwerden wie Kopfschmerz oder Schlafstörungen bis hin zu Angstzuständen und Depressionen.
- Äußerlich: Als flüssiger Badezusatz (s. S. 59) – das Antistressprogramm nach einem anstrengenden Tag!

Großblütige Königskerze

VERBASCUM DENSIFLORUM

„Unholdenkerze“ und „Donnerkerze“ sind einige ihrer volkstümlichen Namen, denn der Legende nach soll die Pflanze böse Geister und Blitz bannen – und auch Krankheit. Man besprengte sich mit den Blüten, die in Weihwasser getaucht wurden, und „besprach“ die betreffende Körperstelle mit einer Art Königskerzen-Gebet. Heute haben wissenschaftliche Fakten volkstümlichen Glauben ersetzt: Die heilkräftigen Bestandteile der Königskerze heißen Saponine, Flavonoide und Schleimstoffe. Sie helfen bei Husten und Bronchitis – ganz ohne Magie, medizinisch nachgewiesen!

Wild wächst die Königskerze auf Bahndämmen, Lichtungen, Böschungen, Ödland – überall, wo es sonnig ist und der Boden karg und steinig. Sie kann über 2 m groß werden – ist aber eine Zierde in jedem Bauerngarten!

Die Erde im Beet stets mager halten, falls nötig mit Sand oder Steinen auflockern – ansonsten ist die prächtige Blume anspruchslos, wenn sie in voller Sonne und windgeschützt steht.

Gezupft werden die frisch aufgeblühten Blüten – und zwar nur die gelben Blüten, nicht der grüne Kelch. Extrem vorsichtig bei Ernte und Trocknen vorgehen: Die Blütenblätter verlieren den Großteil ihrer Heilkraft wenn sie knittern, sich braun verfärben oder feucht werden!

Frische Blüten sind eine Würze für Suppen, der Tee (s. S. 55) aus den getrockneten Blüten ist – meist als Mix mit anderen Hustenkräutern – ein Mittel gegen Verschleimung der oberen Atemwege.

GEMEINE KÖNIGSKERZE

VERBASCUM PHLOMOIDES

Wie bei ihrer großblütigen Verwandten, löst der Wirkstoffkomplex dieser Art bei Erkältungen selbst fest sitzenden Schleim und fördert das Abhusten bei Bronchitis. Der Tee (s. S. 55) wird auch hier aus den getrokkneten Blüten hergestellt – und ebenfalls oft mit anderen Kräuter gemischt, z. B. mit Spitzwegerich oder Anis. Trinken Sie den Tee am besten mit Honig gesüßt – beispielsweise mit Anis-, Fenchel-, Thymian- oder Quendel-Kräuterhonig (s. S. 53).

Löwenzahn *TARAXACUM OFFICINALE*

Schon im 10. Jahrhundert wird Löwenzahn von arabischen Heilkundigen als Wundermittel gepriesen. Und das aus gutem Grund, denn Wurzel und Blätter, Knospen und Blüten sind medizinisch wirksam, wie man heute weiß – und außerdem eine Bereicherung für die Fitnessküche im Frühling! Sogar der ungenießbare milchige Stängelsaft findet frisch aufgestrichen gegen Hühneraugen und Warzen Verwendung!

Löwenzahn wächst fast überall: auf Wiesen, Weiden, Gräben und Böschungen, in der Stadt auf Grünflächen aller Art. So anpassungsfähig gedeiht er auch im Garten auf jedem Boden.

Damit die „Bitterblume" ihrem volkstümlichen Namen nicht gerecht wird, also bittere Blätter bekommt, darf sie niemals austrocknen!

Frisch erntet man die ersten zarten Blätter des frühen Austriebs, später werden sie zu bitter. Die Knospen möglichst weit vor dem Aufblühen sammeln, die Blüten wenn sie gerade aufgegangen sind. Für die Hausapotheke wird entweder im Frühling das ganze Kraut samt Wurzeln ausgestochen und getrocknet oder die Blätter vor der Blüte und die Wurzeln im Frühjahr oder Herbst separat ernten und trocknen.

Medizin gegen vielerlei Beschwerden: der Tee aus getrockneten Wurzeln, Blättern und Blüten – ohne den grünen Hüllkelch! In der Küche kommen alle Teile frisch auf den Tisch.

WILDKÜCHE MIT LÖWENZAHN-BLÜTEN UND -KNOSPEN

- Traditionell werden die Knospen in Öl oder Essig als Kapernersatz (s. S. 49) eingelegt.
- Knospen in Öl angebraten oder in Salzwasser gedünstet – eine Beilagen-Delikatesse!
- Knospen und Blüten frisch für Salat.
- Schmückend und schmackhaft: Blüten frisch oder geeist (s. S. 46) als Garnierung für Süßes oder Pikantes.
- Mit Sirup aus Blüten (s. S. 53) aromatisieren Sie Tee und Desserts auf gesunde Art!

WILDKÜCHE MIT LÖWENZAHN-BLÄTTERN UND -WURZELN

- Das saftige erste Grün macht Salat, Frischkäse oder Quark zum Fitness-Snack.
- Blanchierte Blätter passen als Beilage zu Fleisch-, Reis- oder Kartoffelgerichten.
- Fein gehackt und gekocht sorgen die Blätter für Extrawürze in Spinat, Suppen oder Omelettes.
- Keine Grüne Soße ohne die Blätter.
- Die Wurzeln schmecken angebraten, gedünstet, als Mus passiert oder als Gemüse.

WEITERE REZEPTE MIT LÖWENZAHN

Ebenso endlos wie die Liste seiner Inhaltsstoffe ist die seiner medizinischen Indikationen: Die jungen frische Blätter haben einen hohen Anteil an Vitamin A und C und Mineralien, besonders Kalzium. In den Blüten steckt Karotin. Eine Extraportion Bitterstoffe liefern die Blätter im Frühling, die Wurzeln im Sommer. Und dann sind da noch jede Menge Inhaltsstoffe wie Gerbstoffe, Spurenelemente, Kieselsäure, Inulin, Saponine und Flavonoide sowie die Vitamine B und D, die Löwenzahn zu einem Multitalent mit vielfältigen Eigenschaften machen:

- Appetitanregend, blutreinigend, entschlackend, entwässernd, entzündungshemmend, harn- und schweißtreibend, verdauungsfördernd soll er sein und wird zur Anregung oder bei Beschwerden der ableitenden Harnwege, von Leber, Nieren, Galle, Magen und Darm sowie bei Rheuma und Gicht empfohlen. Und zwar innerlich als Abkochung (s. S. 55) oder Tinktur (s. S. 54) aus den Wurzeln.

TIPP Beauty-Tipp: Die Abkochung als Badezusatz ist die Geheimwaffe als entwässernde Unterstützung bei einer Diät! Und nach zu üppigen Essen räumt ein Löwenzahn-Likör (s. S. 52) den Magen auf.

BLEICHEN VON BLÄTTERN

Löwenzahnblätter haben ein bitteres Aroma – kurzes Blanchieren nimmt ihnen die Schärfe. Sie können die Pflanze aber auch bleichen: Bedecken Sie im Frühjahr die betreffende Wuchsstelle mit schwarzer Folie, einem dunklen Eimer, einem Blumentopf oder einem Untersetzer. Oder häufeln Sie den Löwenzahn im Herbst an. Graben Sie die Wurzeln aus und treiben sie an einem lichtgeschützten kühlen Ort, z. B. im Keller an. Genauso verfährt man auch mit Chicorée. Die Blätter passen dann z. B. wunderbar zu einem Wintersalat.

Löwenzahn-Frühlingskur

- 1 bis 2 TL getrocknetes Kraut und Wurzeln
- 250 ml Wasser

Zubereitung

Stellen Sie nach dem Grundrezept entweder eine Abkochung (s. S. 55) oder einen Kaltauszug (s. S. 54) her. Die Abkochung sollte eine Minute lang kochen und 10 Minuten sieden; der Kaltauszug 8 Stunden ziehen, und nach dem Filtern mit 750 ml abgekochtem Wasser verdünnt werden.

Verwendung

Eine Löwenzahn-Kur macht sie fit für den Frühling. Sie regt den gesamten Stoffwechsel an, stärkt und befreit von Schlakken und Giften. 4 bis 6 Wochen sollten Sie schon durchhalten, bei täglich drei Tassen. Unterstützen können Sie die Kur natürlich durch eine frische Löwenzahn-Küche!

Löwenzahn-Gesichtsmilch

- 30 g getrocknete Blätter
- 20 g getrocknete Kamillenblüten
- 150 ml Wasser
- 150 ml Milch

Zubereitung

Stellen Sie eine Abkochung nach dem Grundrezept auf Seite 55 her. Über Nacht stehen lassen. Mit der Milch mischen und 2 Stunden ziehen lassen. Nach dem Filtern in einem Schraubdeckelglas kühl aufbewahren und rasch aufbrauchen.

Verwendung

Bereits Kleopatra badete sich in Milch – kein Wunder, denn ihr Wirkstoffkomplex macht das Naturprodukt zum optimalen Schönheitselexier. Und so pflegt auch diese Gesichtsmilch, die Kräuter mildern Irritationen, glätten und beleben selbst blassen Teint und klären besonders großporige Haut.

Schachtelhalm *EQUISETUM ARVENSE*

Schon im alten Rom schätzte man ihn zur Wundheilung, im Mittelalter als Wundermittel bei Husten und Gicht – und so wird er bis heute verwendet. Seine Kieselsäure kräftigt Zellen, Binde- und Lungengewebe, Saponine und Flavonoide wirken harntreibend. Daher ist Schachtelhalm auch als modernes Therapeutikum bei Stoffwechselstörungen und Rheuma, Beschwerden der Atemwege, Blasen- und Nierenproblemen angezeigt. Seine durchblutungsfördernden, zusammenziehenden und entzündungshemmenden Eigenschaften machen ihn zudem zur idealen Kosmetik für Haut und Haar.

Wild wächst das Kraut auf Ödland, Äckern, Wiesen, Dämmen, Wegen, Gräben und Böschungen. Es gibt giftige bzw. unwirksame Sorten, daher nur nach exakter Bestimmung pflücken und im Zweifel die Hände davon lassen!

Im Garten für feuchte, schwere und lehmige Böden – ansonsten braucht der Schachtelhalm keine besondere Pflege.

Frisch sammelt man die Ährenkolben so früh wie möglich und die gelblichen, saftigen Stängel darunter. Die unfruchtbaren Triebe zu Anfang des Sommers knapp über dem Boden abschneiden und aufgehängt trocknen.

Die jungen Sporenkolben sind eine frische Würze in Gemüsegerichten, Aufläufen, Suppen, Omelettes. In Öl scharf angebraten idealer Side Dish zu Reis oder Kartoffeln. Aus dem getrockneten Kraut wird Tee (s. S. 55) gegen rheumatische Beschwerden, Husten und Bronchitis, Blasen- und Nierenerkrankungen. In der Kosmetik dient der Tee für Auflagen (s. S. 57) zur Wundheilung.

WASSERANWENDUNGEN MIT SCHACHTELHALM

- Vollbad: Entspannt Gelenke, lindert Schmerzen und wird bei schwachem Bindegewebe, Durchblutungsstörungen, Rheuma und Gicht, Hautproblemen und sogar bei Flechten und Ekzemen empfohlen.
- Sitzbad: (Begleit-)Therapie bei Nierenbeckenentzündung, das Wasser sollte dabei über die Nieren reichen.
- Nagelbad: Ein 10-minütiges Bad stärkt brüchige und spröde Nägel.
- Waschung (s. S. 56) oder Gesichtswasser mit Alkohol (s. S. 60): Dank der stoffwechselfördernden, adstringierenden und gewebefestigenden Wirkung zur Spezialbehandlung für unreine Haut, verstopfte oder große Poren, Pickel, Mitesser und auch Akne.
- Haarspülung mit Essig (s. S. 61); Hilfe für fettiges Haar oder leicht entzündliche Kopfhaut.

Schafgarbe *ACHILLEA MILLEFOLIUM*

Mit der „Achillesgarbe“ hat es eine besondere Bewandtnis: Aus den Spänen, die Achilles beim Schnitzen zu Boden fielen, soll sie entstanden sein – und fortan die Kraft besessen haben, Wunden zu heilen. Als blutstillend gilt sie bis heute – darüber hinaus wegen ihrer Bitterstoffe, Gerbstoffe, Flavonoide, ätherischen Öle und Kalium als blutreinigend, krampflösend, magenkräftigend und stoffwechselanregend.

In der Natur kommt die Schafgarbe nahezu überall vor – außer an sehr feuchten Standorten. Wenn man diesen Bedingungen schafft, passt sie im Garten in die Kräuterspirale oder wilde Wiese.

So anpassungsfähig wie in der Natur ist das Kraut auch im Garten – auf durchlässiger, humoser Erde und frei von Staunässe wächst es jedoch noch mal so gut.

Frisch werden nur fein gefiederte junge Blättchen und Frühjahrstriebe vor der Blüte geerntet. Zum Trocknen wird die ganze blühende Pflanze kurz über dem Boden abgeschnitten.

Wie der volkstümliche Name „Bauchweh- oder Blutstillkraut“ bereits verrät: Das – getrocknete – Kraut wird zur Krampflösung und Entzündungshemmung eingesetzt, und zwar als Tee (s. S. 55) bei Menstruations-, Magen-, Darm- und Gallenbeschwerden sowie zur Wundheilung für Auflagen (s. S. 57). Er stärkt, regt die Nieren an und ist optimal als Frühlingskur zur Entschlackung geeignet, am besten unterstützt durch Schafgarbe (siehe unten)!

TIPP Vorsicht: Schafgarbe kann allergische Hautreaktionen hervorrufen – vor allem bei direkter Sonneneinwirkung!

WILDKÜCHE MIT SCHAFGARBE

- Frische fein gehackte Blättchen verleihen Salaten, Dips und Saucen, Suppen und Eintöpfen ein pfeffriges Aroma.
- Als Wildgemüse werden die jungen Triebe kurz blanchiert, dann in heißem Fett kross gebraten und zu Reis oder Kartoffeln serviert.
- Leicht gedünstet sind die zarten Sprosse eine feine Würze für Fischgerichte.

SCHAFGARBENBÄDER

Ein Vollbad (s. S. 59) mit flüssigem Zusatz (s. S. 59) aus getrocknetem Kraut hilft bei:

- Menstruationsstörungen – speziell der vegetativen Dystonie des kleinen Beckens. Es ist wunderbar entkrampfend bei akuten Schmerzen oder Ziehen in Unterleib oder Rücken;
- schlecht heilenden Hautverletzungen oder -unreinheiten: hemmt Entzündungen und wirkt zusammenziehend;
- einer Schafgarben-Teetherapie oder -kur: zur Unterstützung.

Wundheilung mit Schafgarbe

- Frische Blätter nach Bedarf

Zubereitung

Die Blätter zu einer breiartigen Paste zerstoßen.

Verwendung

Erste Hilfe bei Verletzungen der Haut: Der Wirkstoffkomplex stillt das Blut bei offenen Wunden, desinfiziert und beschleunigt den Heilungsprozess.

Spitzwegerich *PLANTAGO LANCEOLATA*

Wegen seiner besonderen Heilkräfte bei Wunden aller Art ehrte ihn der Volksmund mit Titeln wie „Wundwegerich" oder „Heilwegerich" – und so wird er auch in der Medizin verwendet. Angefangen bei Hildegard von Bingen über Sebastian Kneipp bis hin zur modernen Wissenschaft dient er als Antiseptikum bei Hautverletzungen sowie als natürliches Antibiotikum bei Entzündungen in Mund und Hals.

In der freien Natur siedelt sich Spitzwegerich nahezu überall an. Und so kommt er auch im Garten mit jedem Boden zurecht und passt gut in eine sonnige Wildblumenwiese.

Spitzwegerich stellt keine hohen Ansprüche. Wenn Sie jedoch für einen trockenen Boden sorgen, wächst er besonders gut – nur im ersten Jahr braucht er reichlich Wasser.

Frisch auf den Tisch kommt der junge weiche Blattaustrieb, zum – möglichst schnellen – Verzehr! Trocknen kann man die Blätter den ganzen Sommer über. Fruchtstände ohne Stängel sammeln Sie vor, Samen nach der Reife.

Blätter und Blütenstände wandern in die Küche, Blätter in die Hausapotheke: Sie hemmen Viren in den Luftwegen! Klassiker sind daher Honig (s. S. 53) oder Sirup (s. S. 53) bei Husten und Erkältungen, besonders für Kinder. Wegen der entzündungshemmenden Stoffe ist das Kraut auch gut für die Haut geeignet – und Grundlage für Kosmetik, z. B. Gesichtswasser mit Alkohol (s. S. 60) für Mischhaut sowie unreinen und großporigen Teint.

BREITWEGERICH
PLANTAGO MAJOR

MITTLERER WEGERICH
PLANTAGO MEDIA

Die beiden Sorten wachsen wild oft in Gesellschaft ihres Verwandten – können aber leicht durch ihre Blattform unterschieden werden: Der Breitwegerich bildet ovale Blattenden, der Spitzwegerich spitze und der Mittlere Wegerich eine Mischform von beidem. Die Verwendung in Hausapotheke, Küche und Kosmetik ist ähnlich, nur weniger wirksam!

WILDKÜCHE MIT SPITZWEGERICH

- Die jungen Blätter verleihen Salaten und Suppen eine herb-bittere Würze.
- Blätter und Fruchtstände können als Wildgemüse zubereitet werden.
- In heißem Öl angebraten, entfalten die Blütenstände ihr Nuss- oder Pilzaroma – und passen als Beilage zu Reis- oder Fischgerichten.

TIPP Blätter stets sehr fein schneiden und harte Blattadern abziehen.

SPITZWEGERICHTEE

Ein Tee (s. S. 55) aus getrockneten Blättern ist ein Kombipaket aus Bitter-, Schleim- und Gerbstoffen sowie Kieselsäure, Flavonoiden und antibiotisch wirkenden Substanzen:

- Innerlich bei Erkältungen – auch mit Fieber – und Erkrankung der oberen Luftwege sowie bei trockenem oder krampfartigem Husten, Halsentzündungen oder Bronchialreizungen.
- Äußerlich zum Gurgeln (s. S. 55) bei Halsweh und Infektionen im Mund- und Rachenraum.

Stiefmütterchen *VIOLA TRICOLOR*

In den englischen Knotengärten des 16. und 17. Jahrhunderts durfte es nicht fehlen: Die endlos verschlungenen Blüten- und Heckenbänder dieser Gärten repräsentierten die vielen Lebensfäden des menschlichen Daseins – und als fester Bestandteil dessen verkörperte das Stiefmütterchen die Wehmut. Auch bei uns folgt der Volksmund dieser Pflanzensymbolik und nennt es „Unnütze Sorge“, aber ebenso „Samtveigerl“ und „Liebgesichtli“, was im übertragenen Sinn auf seine heilende und pflegende Wirkung auf die Haut in Kräutermedizin und -kosmetik zurückgehen mag.

Wächst wild auf Wiesen und Äckern in der Sonne – und ist kultiviert eine Bereicherung als Randbepflanzung für Blumenbeet oder Kräutergarten mit dem Farbspiel in zartem Weiß, Blau, Violett und Gelb!

Die kleine Blume ist anspruchslos, nur einen zu trockenen Boden verträgt sie nicht. Bitte beachten Sie: Sie sät sich leicht selbst aus.

Die ganze Pflanze wird während der Blütezeit geerntet, das kann ab Mai bis in den August sein. Kraut und Blüten werden sowohl frisch als auch – im Ganzen – getrocknet verwendet.

Frische Blüten garnieren warme und kalte Gerichte. Das Kraut enthält u. a. Saponine und Salicylsäureverbindungen und bildet getrocknet als Tee (s. S. 55) die Basis für Auflagen (s. S. 57), Waschungen (s. S. 56), Kopfdampfbäder (s. S. 59) und bei Hautproblemen wie Unreinheit, fettigem Teint, Akne, Ekzemen, Schuppenflechte oder Milchschorf bei Kindern. Als Begleittherapie: die innerliche Einnahme des Tees zur Blutreinigung.

Kräuter-Gesichtswasser

- 2 EL getrocknete Stiefmütterchen
- 1 EL getrocknete Melissenblätter
- 125 ml Rosenwasser

Zubereitung

In einem Glasgefäß die Kräuter mischen und mit Rosenwasser übergießen. Mit einem Tuch bedecken und nach einem Tag abseihen.

Verwendung

Das Gesichtswasser für empfindliche Haut! Stiefmütterchen wirkt Irritationen entgegen, Melisse entspannt, Rosenwasser pflegt auf milde Art und verwöhnt mit seinem edlen Duft.

Veilchen *VIOLA ODORATA*

Seines Dufts wegen wurde das „Wohlriechende Veilchen" bereits im Mittelalter für sinnliche Badefreuden geschätzt – und als medizinisches Fußbad (s. S. 59) zur Beruhigung und Förderung des Schlafs. Hildegard von Bingen empfahl, eine Salbe der Blüten auf die Stirn zu streichen und versprach: „Wer Kopfweh hat ... es wird ihm besser gehen". Heute gilt das Veilchen als probates Mittel zur Blutreinigung und bei Bronchitis.

In der Natur findet man das violett blühende Veilchen an Gebüschen, Hecken, Wegen und Waldrändern sowie auf Dämmen und Fluren. Im Garten ist es ein idealer Bodendecker im Halbschatten, z. B. unter Gehölzen. Bei der Platzwahl bitte berücksichtigen: Es wuchert sehr stark!

Sorgen Sie im Garten stets dafür, dass das Veilchen auf nährstoffreichem und lockerem Boden steht. Nur mit wenig organischem Dünger (z. B. Laubkompost) düngen.

Wie der volkstümliche Name sagt: Schon früh blüht das „Märzveilchen" – und dann können Sie mit der Ernte beginnen: Die knapp geöffneten Blüten und jungen Blätter frisch in die Küche, in die Hausapotheke getrocknet das Kraut und Wurzeln (im Frühling oder Herbst ausgraben).

Veilchen können vielfältig verwendet werden: Blätter als milde Verfeinerung für Salate, die Blüten als schöne und schmackhafte Garnierung für Süßes und Pikantes sowie – wie die Wurzeln – für Heiltees.

VEILCHEN – INNERLICHE ANWENDUNG

Basis ist Tee (s. S. 55) oder eine Abkochung (s. S. 55) aus Kraut und vor allem den Blüten. Saponine, Bitterstoffe und Salizylsäure machen sie einerseits zur probaten Medizin bei Bronchitis, selbst bei fest sitzendem Schleim – am besten mit Veilchenhonig (s. S. 53). Andererseits vertreibt der duftende Sud Kopfschmerzen und Schlaflosigkeit und reinigt das Blut.

VEILCHEN – ÄUßERLICHE ANWENDUNG

Tee (s. S. 55) und Abkochung (s. S. 55) helfen äußerlich bei:

- Entzündungen im Mund- und Rachenraum zum Gurgeln (s. S. 55).
- Hauterkrankungen und -problemen wie Quetschungen, Verbrennungen, Ausschlägen und Unreinheiten. Als Auflage (s. S. 57), Kompresse (s. S. 57) oder Waschung (s. S. 56).

WEITERE REZEPTE MIT VEILCHEN

Das Veilchen gilt als Symbol für Bescheidenheit – doch was seine Fähigkeiten in Heil-, Koch- und Liebeskunst im Lauf der Jahrhunderte betrifft, gebührt ihm ein Platz im Rampenlicht: Im alten Griechenland und Rom war es gleichermaßen geschätzt zum Süßen erlesener Speisen und zum Würzen von Wein. Und Kopfschmerz oder Kater nach zu heftigen Gelagen und zu deftigen Gerichten vertrieb man kurzerhand durch einen Veilchenkranz auf dem Haupt. Vielleicht hatte das auch einen anderen Hintergrund: Denn laut altem Brauch braut man aus den Blüten einen Liebestrank! Bis heute ist das Veilchen eine beliebte Zutat in der Küche geblieben – aber wohl eher seines zauberhaften Aussehens und seines zarten Aromas wegen:

- Die kandierten Blüten (s. S. 53) sind eine Zierde für Desserts wie Eis und Sorbets, Fruchttartes oder Torten.
- Einige Blüten miterhitzen – das verleiht Milchreis und anderen gekochten Süßspeisen einen Hauch von Veilchengeschmack.
- Besonders fein und dekorativ: Blütenessig (s. S. 48) mit blumiger Note und violettem Farbton.

VEILCHENBLÜTEN-HONIG

Der Honig ist ein bewährter Klassiker für Beschwerden bei Bronchitis. Stellen Sie ihn nach dem Grundrezept auf Seite 53 aus frischen Blüten her – am besten nach Methode 2. Er ist wohltuend bei Husten, Heiserkeit und Halsentzündungen – und schmeckt pur oder in (Veilchen-)Tee (s. S. 55) auch Kindern.

Veilchendrinks

- Veilchenlikör (s. S. 52): Das zarte Blütenbouquet sorgt für exquisiten Trinkgenuss – pur oder als Cocktail gemixt. Stilecht dazu im Longdrinkglas oder in der Frühlingsbowle sind geeiste Veilchen (s. S. 46)!
- Veilchenwein: Dazu einfach 50 g getrocknete Blüten in 750 ml Wein bis zum Sieden erhitzen, erkalten lassen und abfiltern. Laut Hildegard von Bingen befreit er von „Melancholie und Verdruss", in der Medizin lautet seine Indikation: bei psychologischen Belastungen und nervös bedingten Atembeschwerden.

Veilchensirup

- 100 bis 200 g frische Blüten
- 500 g Zucker
- 500 ml Wasser

Zubereitung

Stellen Sie nach dem Grundrezept auf Seite 53 – aber ohne Zitrone! – einen Sirup her.

Verwendung

Blumiger Veilchenduft und zartviolette Tönung: Der Sirup ist ein sehr spezielles Süßmittel für Milch- und Mehlspeisen, Desserts und Drinks; für Kuchen und Kekse ist er eine außergewöhnliche Zutat zu Zuckerguss und Glasur. Eine besondere Zierde für Backwaren sind kandierte Veilchen (s. S. 53). Ganz nebenbei wirkt der Sirup auch noch beruhigend: In der Naturheilkunde gilt er als sanftes Sedativum!

Waldmeister *GALIUM ODORATUM*

Trinkgenuss mit Tradition: Seit dem 9. Jahrhundert soll es die Waldmeister-Bowle geben. Nach den Entbehrungen des winterlichen Speiseplans brauten Benediktinermönche im Frühling den Trunk aus dem „Herzfreudeli" oder „Leberkraut", um Herz und Leber wieder auf Vordermann zu bringen. Und ähnlich wird es bis heute verwendet: zur Stoffwechselanregung und bei nervösen Herzbeschwerden.

Waldmeister wächst unter dem schützenden Dach von krautreichen Buchen und Laubmischwäldern – im Garten sollten Sie für ähnliche Bedingungen sorgen: Er passt gut für halbschattige bis schattige Standorte, z. B. im Gebüsch- und Heckenbereich oder unter Bäumen. Und da er sich leicht vermehrt, können Sie ihn dort als schnellen Bodendecker nutzen.

Sorgen Sie stets für feuchten, lockeren und nährstoffreichen Boden. Eine zusätzliche Mulchdecke aus zerkleinertem Laub und/oder Kompost garantiert gesundes Wachstum.

Die jungen Blätter werden frisch vor der Blüte gepflückt. Während der Blüte können Sie dann das ganze Kraut kurz über dem Boden abschneiden und zum Trocknen aufhängen.

Frisch wirkt Waldmeister anregend, getrocknet beruhigend, denn der Inhaltsstoff Cumarin wird erst beim Trocknen abgespalten. Getrocknet gehört er in Tee; frisch in die Küche. Dabei stets leicht anwelken, nur dann entfaltet er sein charakteristisches Aroma nach Vanille!

WALDMEISTERBOWLE

Der Klassiker unter den Bowlen! Als Retro-Getränk wieder angesagt – unerreichbar, unverwechselbar und einzigartig im Geschmack. Es wird im Prinzip nach dem Grundrezept auf Seite 52 zubereitet. Anders ist nur, dass der Waldmeister vorher an einem warmen Ort 2 bis 3 Stunden antrocknen muss, bis er zu duften beginnt. Dann das Sträußchen in den Wein hängen, aber nach spätestens 20 Minuten wieder entfernen! Ein Zuviel an Cumarin kann Kopfschmerz verursachen. Mit dem Sekt aufgießen – fertig.

WILDKÜCHE MIT WALDMEISTER

- Der frische „Maitrank" gilt traditionell als Fitmacher in Frühlingsgetränken – nicht nur in der Bowle. So gibt es dazu z. B. eine anregende alkoholfreie Variante: einfach statt Wein mit Traubensaft mixen und zum Schluss mit kohlensäurehaltigem Mineralwasser aufgießen.
- Waldmeister verleiht Götterspeise und Gelee, besonders Apfelgelee, eine besondere Note.

WALDMEISTERTEE

Der Tee (s. S. 55) aus 1 TL des getrockneten Krauts – der nicht länger als 5 Minuten ziehen soll! – ist angezeigt zur Beruhigung und Krampflösung bei Menstruationsbeschwerden; zur Unterstützung von Leber-, Galle- und Nierentätigkeit sowie bei Venenleiden und Durchblutungsstörungen. Mehr als drei Tassen sollten Sie nicht trinken – Waldmeister wirkt bei Überdosierung giftig!

Wermut *ARTEMISIA ABSINTHIUM*

Berühmt-berüchtigt: Absinth, der Wermutschnaps. Im Übermaß genossen, führte er bei so manchem in den wilden 20-er Jahren zu Nerven- und Gehirnschäden bis hin zum Wahnsinn. Dabei ist es vor allem der Bitterstoff mit dem ähnlichen Namen „Absinthin", der die Pflanze so wertvoll macht: Kräuterkundige verliehen ihr sogar Titel wie „Heilbitter" und „Magenkraut" und verordneten sie als Medizin bei Appetitlosigkeit, Magen- und Gallenstörungen. Und als solche ist sie auch in der modernen Wissenschaft definiert – stets fachgerecht zubereitet und sachgemäß angewendet!

Wermut siedelt sich wild gern an felsigen, steinigen, trockenen und sonnigen Orten an – und so sollten Sie auch im Garten für diese Bedingungen sorgen. Er wird bis zu 1,50 m hoch und verträgt sich nicht gut mit anderen Kräuter- oder Gemüsesorten im Beet!

Machen Sie schwere Erde mit Kalk, Sand und Steinen mager und locker. Vorsicht: Schnittgut von Wermut sollte nie auf den Kompost, da dieser dann wachstumshemmend auf andere Pflanzen wirken kann!

Frisch werden Jungtriebe und Blätter für die Küche geerntet. Während der Blütezeit von Juli bis September schneiden Sie den oberen Teil der Pflanze zum Trocknen für die Hausapotheke.

Schwere Fleischspeisen und Eintöpfe sowie Enten- und Gänsebraten werden mit frischem oder getrocknetem Wermut gekocht leichter verdaulich. Sehr sparsam verwenden! Ein Duftkissen (s. S. 62) mit dem „Mottenstock" hält Motten und andere Insekten fern. Die Volksmedizin empfiehlt eine heiße Auflage (s. S. 57) zur Entkrampfung bei Magenkoliken.

WERMUTTEE

Ein Tee (s. S. 55) aus 1 TL getrocknetem Kraut hilft bei Völlegefühl, Blähungen und Magenkrämpfen sowie zur allgemeinen Unterstützung von Magen und Galle – als Prophylaxe oder Therapeutikum.

Gegenanzeige: Nicht geeignet für Schwangere, Kinder oder Personen mit Magen- oder Darmgeschwür! Stets nur geringe Mengen und nie langfristig anwenden!

TIPP Den bitteren Geschmack des Tees können Sie durch einen Mix mit Melisse oder Pfefferminze etwas ausgleichen.

DIE BESTEN UND EINFACHSTEN VERMEHRUNGSMETHODEN

Botanischer Name	Deutscher Name	Aussaat direkt ins Freiland, Kaltkeimer	Aussaat, geschützt, in Töpfen	Ausläufer, Kindel · Zwiebeln	Teilung	Kopf-Steckling · Steckhölzer	Absenker	Wurzelstecklin
Acorus calamus	Kalmus				•			
Aegopodium podagraria	Geißfuß, Giersch			•	•			
Agastache foeniculum	Anis-Agastache, Duftnessel	•	•					
Agastache mexicana	Zitronen-Agastache					•		
Agropyron repens	Quecke			•				
Alchemilla xanthochlora	Frauenmantel	•k			•			
Allium schoenoprasum	Schnittlauch	•	•	•	•			
Allium ursinum	Bärlauch	•k		•	•			
Aloe vera, A. arborescens	Aloe			•				
Aloysia triphylla	Zitronenverbene					•		
Althaea officinalis	Eibisch, Stockmalve	•	•		•			
Alcea rosea	Stockrose	•						
Anethum graveolens	Dill	•						
Angelica archangelica	Erzengelwurz	•k						
Anthoxanthemum odoratum	Duftgras, Ruchgras	•	•	•	•			
Anthriscus cerifolium	Kerbel	•						
Apium graveolens	Schnittsellerie	•	•					
Armoracia rusticana	Meerrettich				•			•
Arnica spec.	Arnika	•	•		•			•
Artemisia abrotanum	Eberraute					•		
Artemisia absinthium	Wermut	•	•		•	•		
Artemisia dracunculus	Estragon	(•)	(•)	•	•			
Artemisia spec.	Beifuß	•	•		•	•		
Balsamita spec.	Marienblatt, Kampferkraut	•	•		•			
Barbarea vulgaris	Winterkresse	•						
Bellis perennis	Gänseblümchen	•			•			
Borago officinalis	Borretsch	•						
Borago pygmaea	Steingarten-Borretsch	•	•		•			
Calamintha grandiflora	Bergminze	•	•		•	•		
Calendula officinalis	Ringelblume	•						
Capsella bursa-pastoris	Hirtentäschel	•						
Cardamine pratensis	Wiesenschaumkraut	•			•			
Capsicum anuum, C. frutescens	Chili		•			•		
Centaurium erythraea	Tausendgüldenkraut	•k						
Cichorium intybus	Wegwarte	•						
Cochlearia officinalis	Löffelkraut	•						
Coriandrum sativum	Koriander	•	•					
Cymbopogon citratus	Zitronengras		(•)		•			
Digitalis spec.	Fingerhut	•	•					
Echinacea spec.	Sonnenhut	•	•		•			
Elsholtzia ciliata	Kamm-Minze	•	•					
Elsholtzia spec.	Vietnamesische Melisse					•		
Equisetum arvensis	Schachtelhalm			•	•			
Eruca sativa	Salatrauke	•	•					
Eryngium foetidum	Culentro		•					
Eupatorium spec.	Wasserdort	•	•		•			
Filipendula ulmaria	Mädesüß	•	•		•			
Foeniculum vulgare	Fenchel	•						
Galium odoratum	Waldmeister	•	•		•			
Gentiana lutea	Gelber Enzian	•k				•		
Geranium robertianum	Stinkender Storchschnabel	•						
Geum rivale	Bachnelkenwurz	•			•			
Tagetes lucida	Mexikanische Gewürztagetes		•					
Glechoma hederacea	Gundermann	•		•	•	•		
Hedera helix	Efeu					•		
Helichrysum italicum	Currystrauch		•					
Hemerocallis spec.	Taglilie	•k			•			
Hierachloe odorata	Mariengras	•	•	•	•			
Houttuynia cordata	Vap Ca				•	•		
Humulus lupulus	Hopfen	•	•	•				
Hypericum perforatum	Johanniskraut	•	•		•			
Hyssopus officinalis	Ysop	•	•		•	•		
Inula helenium	Alant	•	•					
Iris pseudacorus, I. sibirica	Wasserschwertlilie	•k			•			
Juniperus communis	Wacholder	•k				•	•	

K = keimt erst nach Kühlperiode

Botanischer Name	Deutscher Name	Aussaat direkt ins Freiland, Kaltkeimer	Aussaat, geschützt, in Töpfen	Ausläufer, Kindel · Zwiebeln	Teilung	Kopf-Steckling · Steckhölzer	Absenker	Wurzelsteckling
Laurus nobilis	Lorbeer					•	•	
Lavandula spec.	Lavendel	•	•			•	•	
Lepidium sativum	Gartenkresse	•	•					
Levisticum officinalis	Liebstöckel	•	•		•			
Limnophila aromatica	Rau Om				•	•		
Lippia graveolens	Verbenen-Oregano					•	•	
Matricaria recutita	Kamille	•						
Wasabia japonica	Japanischer Meerrettich				•			
Melissa officinalis	Melisse	•	•		•			
Mentha spec.	Minze-Arten			•	•	•		
Menyanthes trifoliata	Fieberklee	•k		•	•			
Monarda didyma	Indianernessel				•			
Myrrhis odorata	Süßdolde	•k						
Nasturtium officinalis	Brunnenkresse	•k			•			
Nepeta cataria	Katzenminze, Weiße Melisse	•	•		•			
Nigella spec.	Jungfer im Grünen, Schwarzkümmel	•	•					
Ocimum basilicum	Basilikum, einj.		•			•		
Ocimum frutescens	Schwarznessel		•			•		
Ocimum spec.	Basilikum, mehrj.		•			•		
Oeothera biennis	Nachtkerzen	•						
Origanum spec.	Majoran, Oregano, Dost	•	•		•			
Paeonia officinalis	Pfingstrosen				•			•
Pelargonium spec.	Duftpelargonie					•		
Petroselinum crispum	Petersilie	•	•					
Pimpinella anisum	Anis	•						
Plantago lanceolata, P. major	Wegerich	•						
Poliomintha longiflora	Mexikanischer Oregano					•	•	
Porphyllum ruderale	Quillquina		•					
Portulaca oleracea	Portulak	•	•					
Potentilla anserina	Gänsefingerkraut	•						
Potentilla erecta	Blutwurz	•						
Primula veris	Schlüsselblume	•k						
Rosmarinus officinalis	Rosmarin		•			•	•	
Rumes spec.	Sauerampfer	(•)	•		•			
Ruta graveolens	Weinraute		•			•		
Salvia officinalis	Salbei		•			•	•	
Salvia rutilans	Ananas-Salbei					•		
Salvia sclarea	Muskateller-Salbei	•	•					
Sambucus nigra	Holunder	•	•				•	
Sanguisorba minor	Pimpinelle	•			•			
Santolina chamaecyparissus	Heiligenkraut					•		
Satureja hortensis	Bohnenkraut, einj.	•						
Satureja montana u. a. spec.	Bohnenkraut, mehrj.	•	•		•	•		
Sedum reflexum	Tripmadam, Mauerpfeffer	•	•		•	•		
Sempervivum tectorum	Donnerwurz	•	•		•	•		
Silybium marianum	Mariendistel	•	•					
Sinapis alba	Senf	•						
Solidago spec.	Goldrute	•	•		•			
Spilanthes oleracea	Parakresse		•		•			
Stellaria media	Vogelmiere	•						
Taraxacum officinale	Löwenzahn	•						
Thymus spec.	Orangenthymian	•	•			•	•	
Trifolium pratense	Klee	•						
Trigonella spec.	Schabziegerklee	•	•					
Tropaeolum major	Kapuzinerkresse		•					
Tulbaghia violacea	Zimmerknoblauch				•			
Turnera diffusa var. aphrodisiaka	Damiana					•	•	
Tussilao farfara	Huflattich	•						
Urtica spec.	Brennnessel	•		•	•			
Valeriana officinalis	Baldrian	•			•			
Verbascum spec.	Königskerzen	•						
Verbena officinalis	Eisenkraut	•	•					
Verbesina fasciculata	Anil de Muerto		•					
Viola tricolor	Stiefmütterchen	•			•			
Vitex agnus-casti	Mönchspfeffer		•			•	•	

ZEHN JAHRESZEITEN

Natürliche Jahreszeit	Ungefährer Beginn je nach Ort	Zeigerpflanzen für Beginn der Jahreszeit	Ungefähres Ende je nach Ort	Zeigerpflanzen für das Ende der natürlichen Jahreszeit
Vorfrühling	Mitte Februar - Anfang März	Blüte von Schneeglöckchen, Haselnuss, Winterling	Mitte März - Ende März	Blüte der Salweiden und Kornelkirschen
Erstfrühling	Mitte März - Ende März	Blattentfaltung bei Stachelbeere, Blüte: Forsythie, Schlüsselblume	Ende April - Mitte Mai	Blüte von Johannisbeere, Sauerkirsche, Birne
Vollfrühling	Ende April - Mitte Mai*	Maitrieb von Fichte, Kiefer Blüte von Rosskastanie, Flieder	Ende Mai - Mitte Juni	Blüte von Knäuelgras, Wiesenfuchsschwanz
Frühsommer	Ende Mai - Mitte Juni	Blüte von Heckenrose, Schwarzem Holunder, Winter-Roggen	Mitte Juni - Mitte Juli	Blüte von Sommerlinde, Reife früher Erdbeeren und Kirschen
Hochsommer	Mitte Juni - Mitte Juli	Blüte von Madonnenlilie, Reife von Johannisbeeren, Stachelbeeren	Anfang August - Mitte August	Blüte von Heidekraut, Beginn der Weizenernte
Spätsommer	Anfang August - Mitte August	Reife von Eberesche	Ende August - Mitte September	Blüte der Herbstzeitlose
Frühherbst	Ende August - Mitte September	Reife der Holunderbeeren	Ende September - Mitte Oktober	Aussaat Wintergetreide
Vollherbst	Ende September - Mitte Oktober	Reife von Rosskastanien, Bucheckern	Mitte Oktober - Anfang November	Laubfall Rosskastanie, Bucheckern, Obstbäume
Spätherbst	Mitte Oktober - Anfang November	Blattfall von Stieleiche, Rosskastanie, Birke	Anfang November - Mitte November	Ende aller Feldarbeiten
Winter	Anfang November - Mitte November	Ende aller Feldarbeiten	Mitte Februar - Anfang März	Blüte des Schneeglöckchens

* In Geisenheim zum Beispiel beginnt der Vollfrühling in der vierten Aprilwoche, in Bremen in der zweiten Maiwoche und am Hohenpeißenberg in Oberbayern erst Mitte Mai.

KLASSISCHE KRÄUTER UND IHRE VERWENDUNG

Klassische Kräuter zum Einfrieren
Petersilie, Basilikum, Estragon, Schnittlauch

Klassische Kräuter zum Kandieren
Blätter von Melisse, Pfefferminze, Salbei,
Blüten von Borretsch, Gänseblümchen, Stiefmütterchen, Veilchen,
Blütenstände von Lavendel, Thymian

Klassische Kräuter zum Einsalzen
Bohnenkraut, Dill, Estragon, Liebstöckel, Majoran, Petersilie

Klassische Kräuter für Butter
Methode 1: Basilikum, Dill, Estragon, Kerbel, Kresse, Liebstöckel, Petersilie, Pimpinelle, Ringelblumenblütenblätter, Schnittlauch
Methode 2: Koriander, Lavendel, Lorbeer, Majoran, Melisse, Oregano, Pfefferminze, Rosmarin, Salbei, Thymian

Klassische Kräuter für Speiseessig
Basilikum, Bohnenkraut, Dill, Eberraute, Estragon, Fenchel, Holunderblüten, Kapuzinerkresse, Kerbel, Lavendel, Liebstöckel, Lorbeer, Majoran, Melisse, Oregano, Pfefferminze, Pimpinelle, Rosmarin, Salbei, Schnittlauch, Thymian, Veilchen, Ysop

Klassische Kräuter für Kosmetikessig
Kamillenblüten, Melisse, Pfefferminze, Rosmarin, Salbei, Thymian

Klassische Kräuter für Speiseöle
Basilikum, Bohnenkraut, Dill, Dost, Eberraute, Fenchel, Kamille, Kapuzinerkresseblüten, Kerbel, Liebstöckel, Lorbeer, Majoran, Melisse, Petersilie, Pfefferminze, Rosmarin, Salbei, Schnittlauchblüten, Thymian, Thymianblüten, Veilchenblüten

Klassische Kräuter für Heilöle
Johanniskraut, Kamillenblüten, Lavendelblüten, Ringelblumenblüten

Klassische Kräuter für Schönheitsöle
Kamillenblüten, Lavendelblüten, Melisse, Salbei, Thymian, Pfefferminze, Rosmarin, Veilchenblüten

Klassische Kräuter für Tinkturen
Arnika, Kamillenblüten, Lavendelbüten, Löwenzahnblüten, Rosmarin, Ringelblumen

Klassische Kräuter für Bowlen
Veilchenblüten, Holunderblüten und -beeren, Waldmeister

Klassische Kräuter für Sirup
Holunderblüten, Veilchenblüten

Klassische Kräuter für Honig
Anissamen, Fenchelsamen, Koriander, Lavendelblüten, Löwenzahnblüten, Majoran, Minze, Quendel, Rosmarin, Salbei, Spitzwegerich, Thymian, Veilchenblüten

Kassische Kräuter für Salben
Kamillenblüten, Ringelblumenblüten, Salbei, Thymian

Klassische Kräuter für die Körperkosmetik
Trockene und spröde Haut: Fenchelsamen, Holunderblüten, Hopfenzapfen, Johanniskraut, Ringelblumenblüten, Lavendelblüten, Melisse, Veilchenblüten
Mischhaut: Brennnessel, Kamillenblüten, Lavendelblüten, Melisse, Pfefferminze, Thymian, Salbei
Fettige, unreine, großporige Haut: Brennnessel, Kamille, Lavendelblüten, Pfefferminze, Rosmarin, Salbei, Thymian
Sensible Haut: Johanniskraut, Kamillenblüten, Lavendelblüten
Entzündliche Haut: Fenchelsamen, Kamillenblüten, Lavendelblüten, Rosmarin, Schachtelhalm, Schafgarbe, Thymian
Reife Haut: Hopfenzapfen, Brunnenkresse gegen Altersflecken

Klassische Kräuter für die Haarkosmetik
Normales bis trockenes Haar: Brennnessel, Holunderblüten, Majoran, Rosmarin, Schachtelhalm, Thymian
Fettiges Haar: Lavendelblüten, Pfefferminze

KLASSISCHE KRÄUTER FÜR DUFTKISSEN

Düfte für jede Gelegenheit

Kraut	Hauptanwendungsgebiet	Wirkung
Anisfrüchte	Erkrankung der oberen Luftwege	Krampflösend, aphrodisierend
Beifuß	Gegen Motten	-
Baldrianwurzel	Entspannungs- und Einschlafhilfe	Beruhigend
Hopfenzapfen	Entspannungs- und Einschlafhilfe	Beruhigend
Kamillenblüten	Erkrankung der oberen Luftwege. Gegen Motten	Krampflösend, desinfizierend
Lavendelblüten	Entspannungs- und Einschlafhilfe	Harmonisierend, ausgleichend
Melisse	Entspannungs- und Einschlafhilfe	Beruhigend
Pfefferminze	Erkrankung der oberen Luftwege	Erfrischend, krampflösend
Quendel	Entspannungs- und Einschlafhilfe. Erkrankung der oberen Luftwege	Krampflösend, beruhigend
Rosmarin	Gegen Motten	-
Thymian	Erkrankung der oberen Luftwege. Gegen Motten	Krampflösend

KLASSISCHE KRÄUTER FÜR KLASSISCHE HEILANWENDUNGEN

Kraut	Heilkräftiger Pflanzenteil	Klassische Anwendungsgebiete
Anis	Früchte/Samen	Verdauungsstörungen, Erkrankung der Atemwege (speziell Bronchitis, Husten)
Baldrian	Wurzel	Menstruationsbeschwerden, (Ein)Schlafstörungen, Nervosität
Beifuß	Ganzes Kraut	Verdauungsstörungen, Appetitlosigkeit
Brennnessel	Ganzes Kraut	Entzündungen der Harnwege, Rheuma
Eisenkraut	Ganzes Kraut	Beschwerden im Magen-Darm-Bereich, Erkrankung der Atemwege (speziell Bronchitis, Husten)
Fenchel	Früchte/Samen	Verdauungsstörungen, Erkrankung der Atemwege (speziell Bronchitis, Husten)
Hopfen	Weibliche Blüten/Zapfen	Beschwerden im Magenbereich, (Ein)Schlafstörungen, Nervosität
Holunder	Blüten	Erkältungskrankheiten mit Fieber, Rheuma
Johanniskraut	Ganzes Kraut/Blüten	Kraut: vegetative Dystonie, Depressionen Blüte: Hautirritationen, -verletzungen (stumpf), -entzündungen, -verbrennungen
Kamille	Blüten	Beschwerden im Magen-Darm-Bereich (auch krampfartige), Menstruationsbeschwerden, Erkrankung der Atemwege, Hautirritationen und -entzündungen, Entzündungen der Schleimhäute
Königskerze	Blüten	Erkrankung der Atemwege (speziell Bronchitis, Husten)
Lavendel	Blüten	Beschwerden im Magen-Darm-Galle-Bereich, Hautirritationen und -entzündungen, Entzündungen der Schleimhäute, (Ein)Schlafstörungen, Nervosität,
Löwenzahn	Blüten/Blätter/Wurzeln	Verdauuungsstörungen, Beschwerden im Gallebereich, Erkrankungen der Harnwege
Melisse	Blätter	Beschwerden im Magen-Darm-Bereich (speziell nervös bedingte), (Ein)Schlafstörungen, Nervosität
Pfefferminze	Blätter	Beschwerden im Magen-Darm-Galle-Bereich, Migräne
Quendel	Ganzes Kraut	Erkrankung der Atemwege (speziell Bronchitis, Husten)
Ringelblume	Blüten	Hautirritationen, -verletzungen, -entzündungen
Stiefmütterchen	Ganzes Kraut	Hautirritationen und -erkrankungen
Rosmarin	Ganzes Kraut	Beschwerden im Magen-Darm-Galle-Bereich, Rheuma, Kreislaufschwäche, Hauterkrankungen
Salbei	Blätter	Beschwerden im Magen-Darm-Bereich, Erkältungskrankheiten, Entzündungen im Mund- und Rachenraum
Schafgarbe	Ganzes Kraut	Beschwerden im Magen-Darm-Galle-Bereich (auch krampfartige), Menstruationsbeschwerden, Irritationen von Haut und Schleimhaut
Spitzwegerich	Ganzes Kraut	Erkrankungen der Atemwege (speziell Bronchitis, Husten), Erkältungskrankheiten, Hautirritationen und -erkrankungen, Entzündung im Mund- und Rachenraum
Thymian	Ganzes Kraut	Beschwerden im Magen-Darm-Bereich, Erkrankung der Atemwege (speziell Asthma, Bronchitis, Husten), Immunstimulanz, Hautirritationen und -erkrankungen, Entzündung im Mund- und Rachenraum
Waldmeister	Ganzes Kraut	Durchblutungsstörungen, Venenerkrankungen
Wermut	Ganzes Kraut	Beschwerden im Magen-Darm-Galle-Bereich

WEITERFÜHRENDE LITERATUR

Aschenbrenner, Eva: „Schmankerl und Kräuterrezepte aus der vegetarischen Küche", Verlag Socio-Medico, 2002

Baumann, Brigitte / Baumann, Helmut / Baumann-Schleihauf, Susanne: „Die Kräuterbuch-Handschrift des Leonhart Fuchs", Verlag Eugen Ulmer, Stuttgart, 2001

Bremness, Lesley: „Duft & Sinnlichkeit, Kräuter, Aromen, Öle, Haus & Garten, Schönheit & Entspannung", BLV Verlag, München, 2002

Chevallier, Andrew: „Die BLV Enzyklopädie der Heilpflanzen - über 550 Heilkräuter, ihre medizinische Wirkung und Anwendung", BLV Verlag, München, 2000

„Die große Enzyklopädie der Heilpflanzen", Neuer Kaiser Verlag, Klagenfurt, 1994

Evelegh, Tessa: „Die Kraft der Kräuter", Weltbild Verlag, München, 1998

Faber, Stephanie: „Hobbykurs Kosmetik", Wilhelm Heyne Verlag, München, 1993

Fleischbauer, Steffen Guido: „Enzyklopädie der essbaren Wildpflanzen - 1500 Pflanzen Mitteleuropas mit 400 Farbfotos", AT Verlag, 2002

Henschel, Detlev: „Essbare Wildbeeren und Wildpflanzen", Franckh-Kosmos Verlags-GmbH & Co., Stuttgart, 2002

Hirsch, Siegrid: „Kräuterrezeptbuch - Marmeladen, Hausmittel, Tinkturen, Salben, Liköre, Weine, Essig, Öl", Freya Verlag, 2000

Hirscher, Petra: „Heilen und Kochen mit Hildegard von Bingen", Knaur Ratgeber-Verlag, München, 2004

Holt, Geraldene: „Geraldene Holt's Complete Book of Herbs", Conran Octopus Limited, London, 1991

Kreuter, Marie Luise: „Der Biogarten" (Standardwerk zum biologischen Gärtnern), BLV Verlag, München, 2004

Kreuter, Marie-Luise: „Der naturgemäße Kräutergarten", BLV Verlagsgesellschaft, München, 1997

Lüdicke, Constanze, Dr. med. Dietlinde Burkhardt: „Natürlich behandeln mit Hausrezepten", Südwest Verlag, München, 1996

Lüdicke, Constanze: „Guter Rat für den Garten", Ludwig Verlag, München, 2000

Mayer, Joachim / Nerger, Jutta: „Essbare Wildkräuter und -früchte", Urania Verlag, Berlin, 2000

Minter, Sue: „Der heilende Garten", DuMont Buchverlag, Köln, 1998

Ody, Penelope: „Chinesische Heilkräuter", Taschen Deutschland, 2004

Pahlow, Mannfried: „Heilpflanzen", Pabel-Moewig Verlag, Rastatt, Lizenzausgabe

Rau, Heide: „Köstliche Blüten zum Dekorieren und Genießen", Ellert & Richter Verlag, Hamburg, 1994

Rees, Yvonne / Titterington, Rosemary: „A step-by-step-guide to growing herbs", Colour Library Books Ltd., Godalming, Surrey, 1994

Stiens, Rita: „Naturkosmetik", Südwest Verlag, München, 1997

Thönnes, Dietmar / Schlömer-Paschalis, Blandina / Kerschgens, Heribert: „Gesundheit aus dem Klostergarten - Kräuterwissen - Heilfasten - Meditation", Gondrom, Bindlach, 2004

ADRESSEN UND BEZUGSQUELLEN

Kräutergärtnereien

Kräuter- und Staudengärtnerei Mann
Schönbacher Str. 25
02708 Lawalde
Tel./Fax: 03585/403738
www.plantasia.de
info@plantasia.de

herb's Bioland Gärtnerei
Stedinger Weg 16
27801 Dötlingen OT Nuttel
Tel.: 04432/94003
Fax: 04432/94004
www.herb-s.de
info@herb-s.de

Rühlemanns Kräuter & Duftpflanzen
Auf dem Berg 2
D-27367 Horstedt
Tel.: 04288/928558
(Mo.-Fr. 9-12 Uhr)
Fax: 04288/928559
www.ruehlemanns.de
info@ruehlemanns.de

Kräuterey Lützel
Gabriele Lauber
Im Stillen Winkel 5
57271 Hilchenbach OT Lützel
Tel.: 02733/3846
Fax: 02733/12679
www.kraeuterey.de

Otzberg-Kräuter
Erich-Ollenhauer-Str. 87a
65187 Wiesbaden
Tel.: 0611/8120545
Fax: 06 11/8460558
www.otzberg-kraeuter.de

Blauetikett Bornträger
677591 Offstein
Tel.: 06243/905326
Fax: 06243/905328
www.borntraeger.de

Syringa Duft- und Würzkräuter
B. Dittrich, Dipl.-Biol.
Bachstraße 7
78247 Hilzingen
Tel.: 07739/1452
Fax: 07739/677
www.syringa-samen.de

Blumenschule
Rainer Engler & Sabine Friesch
Augsburger Straße 62
86956 Schongau
Tel.: 08861/7373
Fax: 08861/1272
www.blumenschule.de

Artemisia - Allgäuer Kräutergarten
Hopfen 29
88167 Stiefenhofen
Tel.: 08386/960510
Fax: 0 83 86/96 15 20
info@artemisia.de

Staudengärtnerei Dieter Gaissmayer
Jungviehweide 3
89257 Illertissen
Tel.: 07303/7258
Fax: 07303/42181
www.staudengaissmayer.de
info@gaissmayer.de

Raritäten-Gärtnerei Treml
Eckerstraße 32
D-93471 Arnbruck
Tel.: 09945/905100
Fax: 09945/905101
treml@pflanzentreml.de
www.pflanzentreml.de

Österreich

Gärtnerei Helga und Hannes Wagner
Gutendorf 36
A-8353 Kapfenstein
Tel.: 0043(0)31/572395
www.gartenbauwagner.at

Wildpflanzengärtnereien

Gärtnerei Naturwuchs
Bardenhorst 15
33739 Bielefeld
Tel.: 05 21/9 88 17 78
www.naturwuchs.de
Nur Bestelladresse

Versand-Gärtnerei Strickler
Lochgasse 1
55232 Alzey-Heimersheim
Tel.: 06731/3831
www.gaertnerei-strickler.de

Blauetikett Bornträger GmbH
67591 Offstein
Tel.: 06243/905326
Fax: 06243/905328
www.blauetikett.de
info@blauetikett.de

Rieger-Hofmann GmbH
In den Wildblumen 7
74572 Blaufelden-Rab.
Tel.: 07952/5682
www.rieger-hofmann.de

Hof Berggarten
Robert Schönfeld
Lindenweg 17
79737 Herrischried
Tel.: 07764/239
www.hof-berggarten.de

Sortiments- und Versuchsgärtnerei Simon
Staudenweg 2
97828 Marktheidenfeld
Tel.: 09391/3516
www.gaertnerei-simon.de

Österreich

Arche Noah
Obere Str. 40
A-3553 Schiltern
Tel.: 0043(0)2734/8626-0
www.arche-noah.at

Alexander Mrkvicka
Siebzehn-Föhren-Gasse 7
A-2380 Perchtoldsdorf
Tel.: 0043(0)1/8690061
www.hobbies.privateweb.at/Pflanzen/

Naturgarten
Martin Mikulitsch
Andreas-Lechner-Str. 5
A-1140 Wien
Tel.: 0043(0)1/9791798
www.naturgarten.at

Praskac - Das Pflanzenland
Praskacstr. 101-108
A-3430 Tulln
Tel.: 0043(0)2272/62460
www.praskac.at

Voitsauer Wildblumensamen
Voitsau 8
A-3623 Kottes
Tel.: 0043(0)2873/7306
www.wildblumensaatgut.at

Schweiz

Biosem
Susanne Jossi Jutzet und Adrian Jutzet
CH-2202 Chambrelien NE
Tel.: 0041(0)32/8551486
www.biosem.ch

CH-Wildblumen
Ruth Steffen
Finkenweg 16
CH-3652 Hilterfingen
Tel.: 0041(0)33/2432919
steffen-wildblumen@bluewin.ch

Wildstaudengärtnerei
Patricia Willi, Margrit Durrer
CH-6274 Eschenbach
Versand nur innerhalb CH
Tel.: 0041(0)41/448 - 1070
www.wildstauden.ch

Winkler & Richard AG
Frauenfelderstr. 27
CH-9545 Wängli
Tel.: 00 41 (0) 52/3 78 21 84
www.gartenland.ch

Seminare/Lehrgänge

Eva Aschenbrenner
82431 Kochel a. See
Anmeldung und Information über:
Tourist Info Kochel:
Tel.: 08851/338
Fax: 08851/5588
Info@kochel.de

Freiburger Heilpflanzenschule
Ursel Bühring
79252 Stegen
Tel.: 07661/981961
Fax: 07661/981962
info@heilpflanzenschule.de
http://www.heilpflanzenschule.de/

REGISTER